扫码看视频·轻松学技术丛书

李高效栽培与病虫害防治彩色图谱

LI GAOXIAO ZAIPEI YU BINGCHONGHAI FANGZHI CAISE TUPU

全国农业技术推广服务中心 ◎ 组编

郐奇峰　孙春光　姚忠华 ◎ 主编

中国农业出版社

北　京

编 委 会

主　　编　邬奇峰　孙春光　姚忠华

副 主 编　陈思思　陈初尉　张　青

编　　者　邬奇峰　孙春光　姚忠华　陈思思
张　青　黄慧丽　程　挚　丁洁平
王俊奇　季卫英　吕文冲　卢亚仙
顾建强　李　珍　江玉娟　陈初尉
郭　欣

出版说明

现如今互联网已深入农业的方方面面，互联网即时、互动、可视化的独特优势，以及对农业科技信息和技术的迅速传播方式已获得广泛认可。广大生产者通过互联网了解知识和信息，提高技能亦成为一种新常态。然而，不论新媒体如何发展，媒介手段如何先进，我们始终本着“技术专业，内容为王”的宗旨出版融合产品，将有用的信息和实用的技术传播给农民。

为了及时将农业高效创新技术传递给农民，解决农民在生产中遇到的技术难题，中国农业出版社邀请国家现代农业产业技术体系的岗位科学家、活跃在各领域的一线知名专家编写了这套“扫码看视频•轻松学技术丛书”。书中精选了海量田间管理关键技术及病虫害高清照片，大部分为作者多年来的积累，更有部分照片属于“可遇不可求”的精品；文字部分内容力求与图片内容实现互补和融合，通俗易懂。更让读者感到不一样的是可以通过微信扫码观看微视频，技术大咖“手把手”教你学技术，可视化地把技术搬到书本上，架起专家与农民之间知识和技术传播的桥梁，让越来越多的农民朋友通过多媒体技术“走进田间课堂，聆听专家讲课”，接受“一看就懂、一学就会”的农业生产知识与技术。

说明：书中病虫害化学防治部分推荐的农药品种的使用浓度和使用量，可能会因为作物品种、栽培方式、生长周期及所在地的生态环境条件不同而存在一定差异。因此，在实际使用过程中，以所购买产品的使用说明书为准，或在当地技术人员的指导下使用。

前　言

李在我国的栽培历史至少3 000年以上，是我国分布范围最广的果树之一。但是，长期以来李生产一直未得到应有的重视，栽培管理粗放，没有形成规模生产。20世纪80年代以来，在改革开放和市场经济的引导下，我国李树栽培面积、产量迅速发展，2016年全国产量达600万吨。近年来，随着品种优化、有机生产、设施栽培和黑李溃疡病有效防控等创新技术的示范推广，产业竞争力有了显著提高，但不同产区、不同李园间的栽培方式和栽培技术水平差距较大，果品质量参差不齐。为了使广大果农更好地了解与掌握李新品种及新技术，提高李生产水平，提升李产品质量，达到促进农业增效、农民增收、农村发展的目的，特编写本书。

本书立足适合南方栽培的李品种，重点介绍了作者在李设施栽培、黑李溃疡病防治等方面所取得的科技成果，并吸收了当地李种植大户的生产经验，以及长期在基层农技推广部门从事水果生产技术推广人员的生产实践经验，力求通俗易懂、简明实用，不仅适合从事李栽培研究和技术推广的专业科技人员参考，还能满足李生产专业合作社技术人员及农业企业、家庭农场和生产大户等经营主体对李实用生产技术的需求。

在撰写本书过程中，参考和引用了国内外的一些专著、论文资料和图表，同时本书的编写得到了浙江省农业农村厅和杭州市临安区农林技术推广中心等有关单位的资助，在此一并表示衷心感谢。

由于时间仓促，水平有限，书中难免存在不足和疏漏之处，敬请同行专家及读者批评指正。

编　者

2023年3月于浙江临安

目　录 Contents

出版说明

前言

第1章　李属植物概述 …………………………………… 1

第2章　李的主要种类与品种 …………………………… 7

第1节　主要种类 …………………………………… 8

第2节　主要品种 …………………………………… 10

一、早熟品种（5月底至6月底成熟上市）………………… 10

大石早生 …………………………………… 10

风味玫瑰 …………………………………… 11

早美丽 …………………………………… 11

青脆李 …………………………………… 12

蜂糖李 …………………………………… 12

味帝 …………………………………… 13

二、中熟品种（7月上中旬成熟上市） …… 13

美丽李 …… 13

槜李 …… 14

黑琥珀 …… 14

玫瑰皇后 …… 15

金塘李 …… 15

蜜思李 …… 16

芙蓉李 …… 16

三、晚熟品种（7月下旬及以后） …… 17

桃形李 …… 17

黑宝石 …… 17

安哥诺 …… 18

皇家宝石 …… 18

红心李 …… 19

棕李 …… 19

第3章 李的植物学、生物学特性及对环境的要求 …… 21

第1节 李的植物学特性 …… 22

一、根 …… 22

二、芽 …… 22

三、叶 …… 24

四、花 …… 24

五、果 …… 24

第2节　李的生物学特性 …… 25

一、生长特性 …… 25

二、结果习性 …… 25

第3节　李物候期 …… 27

一、落叶休眠期 …… 27

二、花芽分化期 …… 27

三、萌芽期、开花期 …… 28

四、枝梢生长期 …… 29

五、果实膨大期、硬核期 …… 29

六、果实成熟期 …… 29

第4节　李对环境的要求 …… 29

一、温度 …… 29

二、湿度 …… 30

三、光照 …………………………………………………………… 30

四、土壤 …………………………………………………………… 30

五、风 ……………………………………………………………… 31

第4章　李种苗繁育技术 ………………………………… 33

一、苗地的选择 …………………………………………………… 34

二、苗地整理 ……………………………………………………… 34

三、种子沙藏 ……………………………………………………… 34

四、繁育技术 ……………………………………………………… 35

第5章　李优质高效安全栽培技术 ……………………… 47

第1节　建园 ……………………………………………………… 48

一、建园的环境条件 ……………………………………………… 48

二、李园规划 ……………………………………………………… 49

三、种植前准备及建园技术 ……………………………………… 54

第2节　栽植 ……………………………………………………… 57

一、栽植前准备 …… 57

二、栽植时期 …… 58

三、栽植密度 …… 58

四、栽植方法 …… 58

第3节　袋装直移式大苗栽培 …… 59

一、苗圃地的准备 …… 59

二、袋装容器的选择 …… 60

三、袋装营养土的准备 …… 60

四、基质装袋与放置 …… 61

五、苗木移栽 …… 61

第4节　授粉树的选择与配置 …… 62

一、配置授粉树的要求 …… 62

二、授粉树在果园中配置的方式 …… 63

三、授粉技术 …… 64

第5节　土壤肥水管理 …… 67

一、果树需肥规律 …… 67

二、果树配方施肥技术 …… 68

三、施肥种类 …… 70

四、施肥方法 …… 70

五、施肥时间 …… 72

第6节　树体管理（整形修剪）…… 73

一、整形修剪方法 …… 73

二、整形修剪的树形种类 …… 77

三、修剪时期及技术 …… 80

第7节　花果管理 …… 82

一、花期管理——提高坐果技术 …… 82

二、果实管理——提高果实品质技术 …… 83

第6章　李设施栽培技术 …… 85

第1节　设施栽培的品种选择 …… 86

一、避雨栽培的品种选择 …… 86

二、设施促成栽培的品种选择 …… 86

三、品种选择原则 …… 86

第2节　设施栽培园地选择与种植要求 …… 87

一、园地选择与要求 …… 87

二、种植密度与种植要求 …… 88

第3节　设施建设 …… 90

一、单体避雨棚 …… 90

二、单体大棚 …… 91

三、自制式连栋棚建设 …… 92

四、整体式钢架连栋大棚建设（标准型） …… 93

五、盖膜时间及用膜要求 …… 94

六、聚乙烯大棚膜的连接与破损修补粘接方法 …… 95

第4节　设施栽培技术 …… 96

一、设施盖膜时间 …… 96

二、大棚的温湿度管理 …… 97

三、二氧化碳供给 …… 99

第7章　水肥一体化技术 …… 101

第1节　水肥一体化技术的优势 …… 102

一、省水省肥 …… 102

二、省工省力 …… 102

三、促进果树生长 …… 102

四、提升果实品质 …… 103

五、降低投入、增加产出 …… 103

第2节　技术要点 …… 103

一、设施设备 …… 103

二、肥料选择 …… 104

三、水肥管理 …… 105

四、施肥步骤 …… 105

第3节　推广建议 …… 106

一、加快微灌施肥技术服务网络建设 …… 106

二、深化灌溉施肥技术的研究 …… 106

三、加大推广力度 …… 106

第4节　水肥一体化主要模式 …… 107

一、地面灌溉施肥 …… 107

二、滴灌施肥 …… 107

第5节　水肥一体化技术应用存在的问题 …… 108

第8章　幼龄李园套种套养技术 …… 109

第1节　李园套种 …… 110

一、套种模式 …… 110

二、套种注意事项 …… 117

第2节　种养结合 …… 118

一、种养结合模式 …… 118

二、种养结合技术 …… 119

第9章　李主要病虫害防治技术 …… 121

第1节　主要防治方法 …… 122

一、农业防治 …………………………………………………… 122

二、物理防治 …………………………………………………… 123

三、生物防治 …………………………………………………… 126

第2节　主要病害及防治 …………………………………………… 129

一、细菌性穿孔病 ……………………………………………… 129

二、褐腐病 ……………………………………………………… 130

三、袋果病 ……………………………………………………… 131

四、流胶病 ……………………………………………………… 133

五、黑李溃疡病 ………………………………………………… 134

第3节　主要虫害及防治 …………………………………………… 136

一、蚜虫 ………………………………………………………… 136

二、桃蛀螟 ……………………………………………………… 138

三、天牛 ………………………………………………………… 139

第4节　农药使用基本知识 ………………………………………… 140

一、农药的分类 ………………………………………………… 140

二、农药的作用方式 …………………………………………… 141

三、影响农药药效的因素 …………………………………… 142

四、农药配制与注意事项 …………………………………… 143

五、正确规范使用化学农药 ………………………………… 145

六、果园常用农药种类及其使用方法 ……………………… 148

第10章　李采后商品化处理 ………………………………… 157

第1节　果实成熟过程中的变化 …………………………… 158

一、色泽 ……………………………………………………… 158

二、糖、酸 …………………………………………………… 159

三、质地 ……………………………………………………… 160

四、香气成分 ………………………………………………… 160

第2节　果实的适时采收 …………………………………… 161

第3节　果实的分级和贮藏 ………………………………… 161

一、临时贮藏 ………………………………………………… 162

二、保鲜冷藏 ………………………………………………… 162

参考文献 …………………………………………………………… 163
附录1　南方李露地栽培管理工作历① ………………………… 165
附录2　有机李标准化栽培技术模式图① …………………… 168

说明：本书的内容编写和视频制作时间不同步，两者若表述不一致，以本书文字为准。

第 1 章 李属植物概述

李为蔷薇科（Rosaceae）李属（*Prunus* Lindl.）果树。李树适应性强，现今已经在全世界广泛栽培，中国、美国、法国、意大利、英国、西班牙、土耳其、日本等都是李生产大国，李已经成为当今世界的重要果树之一。李果实味酸甜、多有香气且营养十分丰富，富含钾、维生素A、B族维生素、烟酸等。李不仅可鲜食，还可以制作果脯、果干、罐头，酿造果酒。李树既可用作观花、观果、观叶等绿化、观赏树种，也是优良的蜜源植物。李树木材坚韧、花纹亮丽，可以制作家具、工艺品等，用途十分广泛。

现今，李的世界三大栽培种为中国李、欧洲李和美洲李，其中，中国李栽培历史最悠久，其次为欧洲李，约有2 600年栽培历史，美洲李栽培历史只有300年左右。李原产于我国，在我国的栽培历史非常久远。据史料记载，大约在3 000年前即有李的栽培，如《诗经》记载："丘中有李，彼留之子……投我以桃，报之以李。"《齐民要术》最早出现了有关李栽培技术的描述。约在西汉时期，李传播到伊朗、日本，现今国外文献中所称的日本李，实际上都是中国李。大约在19世纪70年代，中国李通过日本传入美国，与美洲李进行杂交，育成了很多品质优良的种间杂种。欧洲李是由亚洲高加索输入欧洲的，大约在公元前1世纪首先在意大利栽培。关于李的起源与传播，张加延主编的《中国果树科学与实践·李》一书中有较为详尽的描述（张加延，2015）。

据统计，李属植物有30种以上，其中，中国李是同属中最古老、最庞大的家族（李怀玉，1987）。李属植物中的许多种来源于种间杂交，有单倍体、二倍体、四倍体、六倍体等多种倍性，种间多样性十分丰富（表1-1）。多数观点认为目前全球李三大栽培种为中国李、欧洲李和美洲李，而张加延（2015）提出目前世界上栽培李有四大系统：中国李、欧洲李、樱桃李和美洲李，15个种类，2 800多个品种。俞德浚编著的《中国果树分类学》（1979）将李属植物按照形态特征和地理分布，分为两大亚属：

真正李亚属：花1 ～ 2，稀3；叶在芽中为席卷状，极少数对折状；核表面常有皱纹。主产于欧、亚两洲，包括中国李、杏李、欧洲李、樱桃李、黑刺李、乌荆子李等。

美洲李亚属：花2 ～ 5，簇生；叶在芽中常呈对折状，稀为席卷状，核表面常平滑。主产于北美地区。包括美洲李、加拿大李、墨西哥李、海滨李、狭叶李等。

亚属划分的植物学依据可靠细致，对田间调查和生产实践也具有指导意义。虽然在种的划分上有一定异议，但是目前商品生产的两大李类，毫无疑问是中国李和欧洲李。中国李以鲜食为主，欧洲李除鲜食外，还用于加工果酱、果汁、果酒等（表1-1）。

表1-1 部分李属植物种简介

种名	别名	拉丁名	特征描述
杏李	红李、秋根子	*P. simonii* Carrière	小乔木，树冠金字塔形，枝条向上升，无刺；枝条无毛。果为顶端扁的圆形，红色，直径3～5厘米，果梗很短，果肉淡黄色，质地紧密，有浓香，粘核，核常具纵沟，微涩。2*n*=24
黑刺李	刺李	*P. spinosa* L.	灌木，高4～8米，幼枝褐黑色，生有长刺，卵形叶，花白色，单生，先于叶开放；果直立；核外稍具浅纹。2*n*=32，48
乌荆子李	—	*P. insititia* L.	灌木或小乔木，高可达6米。老枝灰黑色，无毛，有时有刺；小枝紫褐色，被茸毛。花常2朵；果下垂，核面平滑。主要用作欧洲李砧木，可培育李抗寒品种。2*n*=48
欧洲李	西洋李、洋李	*P. domestica* L.	乔木，高达6～15米。叶片下面被短柔毛，果红色、紫色或黄色和绿色，被蓝黑色果粉，通常有明显纵沟。2*n*=48
樱桃李	樱李	*P. cerasifera* Ehrh.	灌木或小乔木。高达8米。多分枝，枝条细长，开展。叶繁茂，深绿色。花白色。品种变种多，其中紫叶李叶片常年紫色，引人注目。花1朵，稀2朵。核果近球形或椭圆形，长宽几乎相等，直径2～3厘米，黄色、红色或黑色，微被蜡粉，具有浅侧沟，粘核。2*n*=24

（续）

种　名	别　名	拉丁名	特征描述
中国李	嘉庆子、玉皇李、山李子	*P. salicina* Lindl.	乔木，高9～12米。花通常3朵簇生，稀2；叶片下面无毛或微被柔毛；果核常有沟纹。粘核，少数离核，叶片光滑无毛。2*n*=24
红叶李	紫叶李	*P. cerasifera* Atropurpurea	小乔木，高可达8米。单叶互生，叶卵圆形或长圆状披针形，长4.5～6厘米，宽2～4厘米，先端短尖，基部楔形，缘具尖细锯齿，羽状脉5～8对，两面无毛或背面脉腋有毛，色暗绿或紫红，叶柄光滑多无腺体。花单生或2朵簇生，白色，雄蕊约25枚，略短于花瓣，花部无毛，核果扁球形，直径1～3厘米，腹缝线上微见沟纹，无梗洼，熟时黄色、红色或紫色，光亮或微被白粉，花叶同放
美洲李	—	*P. americana* Marsh.	小乔木，高4～5米，有的可达7～9米，多枝、多刺，嫩枝无毛，多曲折。花2～5朵，簇生，白色，先于叶开放。果实球形、卵球形或圆锥形，直径2～3厘米，红色，少数黄色，果肉粘核或离核，核扁，光滑。2*n*=16，24
加拿大李	—	*P. nigra* Ait.	小乔木，高6～9米，树冠倒卵形，枝条多向上直立，有刺，树皮红褐色至灰褐色，花3～4朵，白色，以后转为粉色，果实椭圆形，长2～3厘米，红色或黄红色，果肉多汁，甜或涩，粘核。2*n*=16，24
乌苏里李	东北李	*P. ussuriensis* Kov. et Kost.	植株矮小，呈灌木状，通常枝多刺；叶片较小，叶片下面及沿叶脉处被短柔毛，叶柄有毛；果实较小，直径1.5～2.5厘米，果柄粗短，果皮苦涩，缺乏特殊香味。2*n*=24

（续）

种名	别名	拉丁名	特征描述
海滨李	—	*P. maritima*	起源于美国东海岸。灌木，较矮，1～2米，最高约4米。花直径1～1.5厘米，白色。果实直径1.5～2厘米，红色、黄色、蓝色或黑色
克拉马李	—	*P. subcordata*	起源于美国西海岸。灌木或小乔木，可以达8米。树皮灰白，有直立棕色皮孔，与樱桃树相似。花白色或略带粉色，果实较小，直径1.5～2.5厘米，红色或黄色，果实较酸
狭叶李/奇克索李	—	*P. angustifolia*	株高3～6米，窄叶。树皮有鳞，通常为黑色。花瓣白色，花药略带红色或橙色。果实红色，果实直径可达2.5厘米
矮李	—	*P. geniculata*	美国佛罗里达州地方种，较矮的圆形灌木。单花。果实微苦，卵形，直径2.5厘米左右，深红色至紫色
阿利根尼李	—	*P. alleghaniensis*	灌木或小乔木，高0.9～3.6米。花量大，白色，后变粉色。果实绛紫色，直径1.3厘米
果酱李	郝图兰李	*P. hortulana*	高约6米，白花，2～4朵1簇，果实红色或黄色，有小白点
奥格李	—	*P. umbellata*	高可达6.1米，花白色至浅灰，果实紫色，直径1.3～2.5厘米。与狭叶李相似
意大利李	—	*P. cocomilia*	2011年鉴定的种。分布于阿尔巴尼亚、克罗地亚、希腊、意大利南部、黑山、塞尔维亚、土耳其
墨西哥李	—	*P. mexicana*	高可达4.6～11.6米，在美国栽培较多。对土壤适应性强，抗旱。花白色，香味浓。果实紫色或深紫色
溪李	—	*P. rivularis*	美国中部有分布。灌木。果实单生或2～3个簇生，微苦

第 2 章
李的主要种类与品种

李为蔷薇科（Rosaceae）李属（*Prunus* Lindl.）植物，本属中作为果树栽培的约有30个种。我国有中国李、杏李、乌苏里李、欧洲李、樱桃李、美洲李、加拿大李、黑刺李8个种。中国李和欧洲李是公认的全世界栽培最为广泛的2个种，此外杏李、樱桃李和美洲李的栽培也较多。

第1节　主要种类

8个主要种的植物学特征参见表1-1。李属一些种类的情况介绍如下：

1.中国李　即现今国外多数文献中所称的日本李，在世界各地广泛栽培，品种十分丰富，如大石早生、黑琥珀、红美丽等均是栽培非常广泛的优良品种。中国李大多在7—8月成熟，核小而肉厚、味酸甜，生长迅速，结实期早，产量高，抗灰腐病强，果实耐贮藏。世界各国以中国李为杂交材料选育出了更加符合本地需求的优良品种，选育出来的品种果实更加美观、果肉致密、抗病性增强。中国李是鲜食良种，也有许多品种用于加工。中国李抗寒力不如乌苏里李、美洲李、加拿大李和樱桃李。

2.杏李　原产于我国，又名红李、秋银子。该种为中国李的变种，有特殊香气，果大早实、耐贮藏，味道鲜美，营养丰富，果树适应性强，经济价值高，食用价值高。杏李杂交新品种适应性比较强，耐旱，耐瘠薄。在浅山丘陵区和平原沙区等都可以建园。杏李抗寒力较强，但是丰产性较差。

3.乌苏里李　即东北李，产于黑龙江、吉林、辽宁。苏联远东沿海有分布，在西伯利亚东部果园中常见。乌苏里李抗寒力强，是优良抗寒砧木，也是培育高寒地区果树的优良材料。乌苏里李可与中国李、樱桃李、美洲李等杂交，但是与欧洲李杂交不育。

4.欧洲李　即欧洲栽培李的基本种。果皮色泽丰富。欧洲李品种非常多，多数为制果干品种，也有鲜食品种。欧洲李根系较中国李浅，抗病虫力较弱。在食品、医学、林业、环保等领域有很高的应用价值。其优良品种品质优、产量高、抗性强，综合性状表现突出。本种著名品种有女神（波兰品种）、法兰西（法国品种）、卯爷（美国品种）、兰蜜李（罗马尼亚品种）、大总统（美国品种）等。其中美国品种果个大、颜色深，风味极佳，肉质致密、果实较耐贮运，可溶性固形物含量高，品质佳。欧洲李抗寒力不及中国李，其花期明显晚于中国李、杏李、乌苏里李、樱桃李、加拿大李、美洲李等。

5.**樱桃李**　原产于高加索地区。花比较大，色白，花期特别早，果小，圆形或扁圆形，果皮黄色或红色，果肉柔软多汁，具特殊香气。分布在巴尔干半岛、小亚细亚半岛、天山、中亚、伊朗以及中国新疆等地，生长于海拔800～2 000米的地区，见于山坡林中、多石砾的坡地及峡谷水边。由于长期栽培，品种变型颇多，有垂枝、花叶、紫叶、红叶、黑叶等变型，其中紫叶李（红叶李）为我国庭院常见观赏树木之一，叶片常年紫色，引人注目。樱桃李抗寒力较弱，有一定的抗旱力。本种在欧洲作为砧木使用，是李和桃的优良砧木。樱桃李可与中国李、加拿大李等种杂交，但与杏李、欧洲李等亲和力低。

6.**美洲李**　又称为布朗李、美国布丁、美国李子，多数是从中国李和欧洲李的杂交后代中选育出的。本种品种多，风味优劣不等。果面鲜红色，完全成熟时呈紫黑色，果大、核小，肉质柔软，富有香气，外观漂亮，商品性好。本种著名品种有安格诺、紫琥珀、威克逊等，被列入我国名特优水果。美洲李抗寒力极强，对土壤适应性也强。

7.**加拿大李**　生长于加拿大纽芬兰和拉布拉多省至加拿大中南部一带，Waugh教授称之为一个变种，而不是独立种，其种名“*nigra*”意为黑色，即因其成熟枝条和树皮均为黑色。当地将其作为优良耐寒砧木，也将其作为园林绿化树。果实可以用于做果酱或果胶。加拿大李抗寒力极强，仅次于乌苏里李，可以在中国东北一带生长，是抗寒优质育种材料。

8.**黑刺李**　别名刺李，原产于欧洲、北非和西亚等地区，分布于灌木丛林中，我国有引种栽培，是优良园林绿化大型灌木。果实为蓝褐色小浆果，酸味很浓，煮沸后冷却可制成果冻。其果实也可供制干果、果酱、果汁及果酒，其叶可代茶饮。本种耐寒性强，可与普通李和欧洲李杂交，改良品质；又可做灌木型桃、李的砧木或做防护林。

第 2 节　主要品种

一、早熟品种（5 月底至 6 月底成熟上市）

大石早生

图 2-1　大石早生

收获期：6 月初

单果重 / 大果重（克）：41 ～ 53/130

果形 / 果色：卵圆形 / 鲜艳红色

可食率 / 总糖 / 总酸 / 可溶性固形物（%）：97.6/6.12/1.8/11.5

品种来源：日本福岛县伊达郡大石俊雄从我国台湾李的实生苗中选育出的早熟李优良品种。

特征：果皮底色黄绿，鲜艳红色，皮较厚。果粉较多，灰白色。果肉淡黄色，有放射状红条纹，汁液多，味甜酸，粘核，核小。

栽培要点：结果早，丰产性好，品质优，适应性强。自花不实，必须配置授粉树。

天目蜜李

图 2-2　天目蜜李

收获期：6 月下旬

单果重 / 大果重（克）：70/100

果形 / 果色：圆形或倒卵圆形 / 黄色至橙黄色

可食率 / 总糖 / 总酸 / 可溶性固形物（%）：98/6.65/1.19/12

品种来源：已故园艺学家吴耕民先生将其命名为天目蜜李，属于欧洲李。

特征：果面光滑，有白色果粉，具透明感，外观非常漂亮。果实完熟后有浓蜂蜜味，汁多肉软，易剥皮。

栽培要点：早果性很好，因此定植第三年即可形成一定产量，第四年后即有亩①产 1 000 千克以上，是高产果树。用桃形李对天目蜜李进行授粉，与授粉树适宜配比为 9 : 1。

①亩为非法定计量单位，1 亩 = 1/15 公顷。——编者注

风味玫瑰

图2-3　风味玫瑰

收获期：5月下旬至6月上旬

单果重／大果重（克）：98/141

果形／果色：扁圆形/果皮紫黑色，果肉鲜红色

可溶性固形物（%）：17

品种来源：风味玫瑰中李基因占75%，杏基因占25%。

特征：果肉呈鲜红色，质地细嫩，粗纤维少，果汁多，风味甜，香气浓。

栽培要点：结果早，风味好，品质上等，抗旱，抗寒，抗病虫能力强。树势中庸，树姿中等开张。一年生枝阳面暗褐色，背面绿色，新梢绿色，主干及多年生枝暗红色。萌芽力强，成枝力中等。以短果枝和花束状结果枝结果为主，自花结实率低，需配置授粉树，授粉品种为味帝、恐龙蛋。初花期在2月下旬，3月上旬进入盛花期，5月下旬至6月上旬果实成熟。

早美丽

图2-4　早美丽

收获期：6月中旬

单果重（克）：40 ～ 50

果形／果色：心脏形/鲜艳红色

可食率／可溶性固形物（%）：97/15

品种来源：美国品种，1992年引入中国。

特征：果顶尖，缝合线浅，两半部对称。果面光滑具光泽，果粉薄。果肉淡黄色，肉质细腻，硬溶质，汁液多，味甜爽口，香气浓郁。

栽培要点：树势中庸，树姿开张。萌芽率高，成枝力中等。长、中、短果枝和花束状果枝均能结果，丰产性好，果实6月中旬成熟。结果早，抗病虫能力强。但果实偏小，成熟期不一致，需分期采收。

青脆李

图2-5　青脆李

收获期：6月下旬

单果重（克）：45

果形／果色：扁圆形/果皮青色或黄色，果肉浅黄色

可食率／总糖／可溶性固形物（%）：98/7/15

品种来源：在四川和重庆的栽培历史久远，分布范围广，资源丰富。

特征：果实较对称，缝合线浅；果实整齐度好；果粉厚，果肉肉质脆嫩，汁多，无涩味，风味浓郁；果大，离核，可食率高，纤维少。

栽培要点：长势极旺，树姿较直立，成枝力强。以中果枝、短果枝和花束状果枝结果为主，结果成堆，三年生树平均株产7.8千克，亩产达850千克，进入盛产期后亩产可达2 600千克。青脆李种质资源十分丰富，有青皮类和黄肉类，有早熟的，也有中、晚熟的。

蜂糖李

图2-6　蜂糖李

收获期：6月下旬

单果重：40克

果形／果色：扁圆形/果皮浅黄绿色，果肉淡黄色

可食率／可溶性固形物（%）：97/15 ～ 20

品种来源：原产地贵州省安顺市镇宁县，是青脆李的一个栽培变种。

特征：果个大，果形扁圆形，果顶平；果被蜡粉，缝合线深，果皮浅黄绿色，果肉淡黄色；核小，可食率高，离核，味甘甜；果肉致密酥脆，有香气。汁水丰盈，口感较甜。

栽培要点：树势较旺，直立性强，成年树较开张，树冠高大，萌芽率高，成枝率低。属浅根系品种，抗旱性较差。花芽易成花，但坐果率不高，需配置授粉树。

味帝

图2-7　味帝

收获期：6月上中旬

单果重／大果重（克）：97/138

果形／果色：圆形或近圆形/果皮浅青紫色，果肉鲜红色

可溶性固形物（%）：18

品种来源：为美国杏李，味帝中李基因占75%，杏基因占25%。

特征：果肉质地细，粘核，粗纤维少，果汁多，味甜，香气浓，品质极佳。耐贮运，常温下贮藏15 ～ 20天，2 ～ 5℃低温可贮藏3 ～ 5个月。

栽培要点：树势强，树姿开张，侧芽易萌发成枝。萌芽力强，成枝力也强，以短果枝和花束状果枝结果为主。自花结实率低，需配置授粉树，授粉品种为风味玫瑰、味王、味厚和恐龙蛋。结果早，丰产，品质上等，抗病虫能力强，抗寒，抗旱。

二、中熟品种（7月上中旬成熟上市）

美丽李

收获期：7月上中旬

图2-8　美丽李

单果重／大果重（克）：87/156

果形／果色：近圆形或心形/果皮红黄色，果肉黄色

可食率／总糖／可溶性固形物（%）：99/7/17.6

品种来源：美国品种。

特征：果顶尖或平；缝合线浅，梗洼处较深，片肉不对称；果肉肉质脆硬，充分成熟时变软，纤维细而多，果汁极多，味酸甜、具有浓香味。核小，粘核或半离核。

栽培要点：树势中庸，幼龄树生长较快，随着树龄的增大，生长势缓和。栽后2 ～ 3年开始结果，4 ～ 5年可进入盛果期，自花授粉不结实，人工授粉结实率达20%左右，果实增大较快，成熟较早。最适宜的授粉品种为大石早生、跃进李。抗寒和抗旱能力较强，不抗细菌性穿孔病，易受到蚜虫、红蜘蛛和蛀干害虫危害。

槜李

图2-9　槜李

收获期：7月上旬

单果重/大果重（克）：60/100

果形/果色：扁圆形，果顶有指甲刻状裂痕/果皮紫红，底色黄绿，果肉橙黄色

可食率/可溶性固形物（%）：97/18

品种来源：又名醉李，是中国李的古老良种。

特征：果实品质细腻鲜润，果肉成熟后变软、出汁，完全成熟后可用吸管吸食果汁，汁液甘甜并带有酒香，风味品质极佳。果顶微凹之处，有一形似指甲掐过的爪痕，传说为“西施指痕”，为其果实特有。果皮较厚，有白色果粉。

栽培要点：自花结实率低，开花至果实成熟约需要115天，成熟果实在室温下能贮藏3 ~ 5天。以短果枝和花束状果枝结果为主。但槜李结实不稳定、产量低，且有隔年结果现象。槜李需合理配置授粉树，且通过改善树体营养状况喷施GA、延迟开花时间以减少落果。

黑琥珀

图2-10　黑琥珀

收获期：7月上中旬

单果重/大果重（克）：101.6/138

果形/果色：扁圆形或圆形/果皮紫黑，果肉淡黄琥珀色

可食率/总糖/总酸/可溶性固形物（%）：99/9.2/0.85/12.4

品种来源：美国品种。为黑宝石李与玫瑰皇后李杂交育成的早熟大果型黑李品种，属中国李。

特征：果肉为琥珀色。果顶平，缝合线不明显，两半部对称；果皮厚韧，果点小，不明显，果粉少。果肉不溶质，质地细密、硬韧，汁液中多，风味香甜可口，品质上等。离核，果核小。

栽培要点：以短果枝和花束状果枝结果为主，以坐单果为主。不需疏花疏果。需配置授粉树，授粉品种为澳得罗达、玫瑰皇后。早实丰产性较好。三年始果，四年丰产，平均株产14.1千克，最高株产16.7千克。抗病性强，不易感染病毒病。

玫瑰皇后

收获期：7月上中旬

单果重／大果重（克）：100 ~ 120/220

果形／果色：椭圆形/果皮紫红色，果肉金黄色

可食率／可溶性固形物（%）：98/14

品种来源：美国品种。

特征：果顶圆平，缝合线不明显，两半对称，梗洼宽深。果点大而稀，果皮薄，有果粉。果肉肉质细嫩，果汁多，味甜可口。离核，核小，圆球形。

栽培要点：丰产，结果早，果大，外形美观，风味品质好，抗寒抗旱，适应性强。树势强旺，树姿半开张，较直立。异花授粉，授粉品种为黑宝石、富莱李。

图2-11　玫瑰皇后

金塘李

收获期：7月上旬

单果重／大果重（克）：45/120

果形／果色：圆形或扁圆形/皮青心红，果皮底色黄绿，果肉紫红色

可溶性固形物（%）：10.3

品种来源：美国品种，1992年引入中国。

特征：果顶圆，顶洼平或微凹陷，间有裂痕，缝合线浅而明显，两个大小不均匀，果皮底色黄绿，被灰白色果粉，果顶暗红，果肉致密，味鲜甜，有香气，半粘核。

图2-12　金塘李

栽培要点：种植后2 ~ 3年就会结果，3月下旬开花，到7月上旬成熟，从开花到成熟只需3个月时间。

蜜思李

图2-13　蜜思李

收获期：7月上旬

单果重（克）：40 ～ 50

果形／果色：近圆形/果皮紫红色，果肉淡黄色

可食率／总糖／总酸／可溶性固形物（%）：97.4/10.5/1.05/13

品种来源：原产于新西兰，以中国李和樱桃李杂交育成。

特征：果顶圆。果粉中多，果点小。果实汁液丰富，风味酸甜适中，香气较浓，品质上等。

栽培要点：树姿开张，树冠紧凑。花中型，每个花芽有2 ～ 3朵花。成枝力强，以长果枝结果为主，丰产性好。在正常管理条件下，定植第二年开始结果，平均株产1.9千克，最高可达6.9千克，第三年平均株产8.6千克。适应性较强，抗寒，耐旱力强，对细菌性穿孔病、早期落叶病等有较强的抗性。以毛樱桃作为砧木时亲和力差，根系不发达，固地性差，不抗风；与杏砧、毛桃砧亲和力强，根系发达，固地性好。

芙蓉李

图2-14　芙蓉李

收获期：7月上中旬

单果重／大果重（克）：82/130

果形／果色：扁圆形/果皮底色黄绿，着紫红色，果肉紫红色

可食率／可溶性固形物（%）：96.7/15

品种来源：原产于福建省永泰县，栽培历史有700余年。现主要分布于福建闽清、福安等地，在浙江、江西等地也有栽培。

特征：颗粒大、肉厚核小，甜酸适中，不粘核。果皮富有韧性，不易剥离；果粉厚。果肉紫红色，肉质致密硬脆，果汁多，味甜微酸。

栽培要点：树势强，树姿开张。耐旱、耐寒、耐瘠薄、抗病，适应性广。

三、晚熟品种（7月下旬及以后）

桃形李

图2-15　桃形李

收获期：7月底至8月初

单果重／大果重（克）：40/125

果形／果色：形状似桃，心形/果皮青红色或青黄色，果肉淡黄色

可食率／可溶性固形物（%）：97.8/14 ～ 27

品种来源：主产于浙江嵊州的称嵊州桃形李，主产于浦江的称浦江桃形李，是中国李的一个特色品种。

特征：果实形状似桃，皮色似李，兼桃李之风味，树形、树姿介于桃李之间。果皮厚、难剥离，成熟后易剥离，被乳白色厚果粉，随着果实逐渐成熟，果粉渐渐消失。果顶近核处大多有空洞。果肉松脆、致密，成熟后肉软，甚至可用吸管吸食。汁较少，纤维中等。风味浓甜，微酸，香气浓郁。

栽培要点：树势中庸、直立，树冠纺锤形，自花结实率较高。一般定植后3年开始结果，6～7年进入盛果期，株产可达100千克以上。花期在3月中下旬，成熟期在7月底至8月初。

黑宝石

图2-16　黑宝石

收获期：7月下旬至8月上旬

单果重／大果重（克）：72.2/160

果形／果色：扁圆形/果皮紫黑色，果肉乳白色

可食率／总糖／总酸／可溶性固形物（%）：98.6/9.4/0.8/11.5

品种来源：黑宝石是由美国农业部于1968年选育出的优质日本李品种，由Gariota × Nubiana杂交育成。20世纪80年代引入我国。

特征：果实扁圆形，果顶平圆。果面紫黑色，果粉少，无果点。果肉乳白色，硬而细嫩，汁液较多，味甜爽口，品质上等。果实肉厚核小，离核。果实货架期25 ～ 30天，在0 ～ 5℃条件下可贮藏3 ～ 4个月。

栽培要点：植株长势旺，枝条直立，树冠紧凑。以长果枝和短果枝结果为主，极丰产。一般第二年始花果，平均株产6.6千克，折合每公顷产量1.4万千克，第四年每公顷产量2.8万千克。该品种需要配置授粉树。对细菌性穿孔病抗性差。

安哥诺

图2-17　安哥诺

收获期：9月

单果重/大果重（克）：96/152

果形/果色：扁圆形/果皮紫黑色、光亮，果肉淡黄色

可食率/总糖/总酸/可溶性固形物（%）：98/13.1/0.7/13.1

品种来源：美国品种。

特征：果顶平，缝合线浅而不明显。果面光亮美观。果皮较厚，果粉少，果点小。近核处果肉微红色，质细，不溶质，汁液多，味甜，富香气。离核，核小。果实耐贮藏，品质极佳，货架期30天，冷库可贮存至翌年3—4月。

栽培要点：幼树生长健旺，树势中庸，树姿开张。萌芽力强，成枝力中等，以短果枝和花束状果枝结果为主。一般坐单果。丰产性好，树势强壮，萌芽率高，3年开始结果，4～5年进入初果期，6年进入盛果期。盛果期平均株产21.5千克，最高株产31.2千克。抗旱、抗寒性强，一般年份在−28.3℃的情况下不发生冻害。需配置授粉树，授粉品种为圣玫瑰、索瑞斯和黑宝石。

皇家宝石

图2-18　皇家宝石

收获期：8月上中旬

单果重/大果重（克）：91.8/128

果形/果色：近圆形/果皮紫黑色，果肉淡黄色

品种来源：美国品种。

特征：为大果型品种。果柄中长，梗洼深广。果顶平滑，缝合线不明显，两半部较对称。果面光亮，果皮厚，不易剥离，果点小而稀，果粉少。果肉质地细密，汁液丰富，风味酸甜爽口，香味较浓，品质佳。果核小，粘核，果实耐贮运。

栽培要点：适应性好，抗寒力较强，丰产性能好。树势强健，树姿较直立。一年生枝褐色，皮孔小，树干和多年生枝褐色。以短果枝和花束状果枝结果为主，中长果枝也具有较好的结果能力。需配置授粉树，授粉品种有圣玫瑰、玫瑰皇后等。

红心李

图2-19　红心李

收获期：8月

单果重（克）：60

果形／果色：圆形稍扁/皮薄呈绿色，因果肉红色透出而显红色，果肉紫红色

品种来源：主产于浙江的诸暨、东阳等地，是我国南方李的主栽品种之一。

特征：果肉近核部分紫红色，核小，肉多，水足，味甜而略带酸，清香爽口，营养丰富。青果时外有一层白色粉状物，成熟后消失。

栽培要点：该品种易栽培，进入结果期早，抗旱力强，为鲜食加工兼用品种。

榇李

图2-20　榇李

收获期：8月上中旬

单果重／大果重（克）：79.5/98

果形／果色：心形/果皮金黄色，果肉淡黄色至黄色

可食率／总糖／总酸／可溶性固形物（%）：98/8.55/0.56/12.5 ～ 15

品种来源：原产于福建，是中国李的一个栽培变种。在福建、广东、江西、湖南等地均有栽培。

特征：果实心脏形，果皮底色浅绿黄色，偶有红色彩斑。果皮富有弹性，不易剥离。果肉淡黄色至黄色，肉质脆，汁多，纤维少，味甜爽口，风味好。

栽培要点：树势中庸，自花结实率低，3 ～ 4年开始结果，进入盛果期较晚，有大小年结果现象。产量较高，果实大，品质优，是鲜食优良品种。

第 3 章

李的植物学、生物学特性及对环境的要求

第 1 节　李的植物学特性

李的植物学特性

一、根

李主根不发达，须根发达，且根系分布较浅，属于浅根性果树，主要吸收根分布在距地表下20 ～ 40厘米的土层内，水平根的分布范围常比树冠直径大1 ～ 2倍。在丘陵红壤中，四年生根蘖繁殖的李根系分布深度约为60厘米，九年生根蘖繁殖的李根系深达1米，约为树高的0.19倍，最深根系位于树冠半径1/3左右的土层范围内。李根易形成不定芽，萌发根蘖，一般采用分株繁殖或毛桃砧嫁接繁殖。砧木不同，李树根系的深度也不同，一般以毛樱桃为砧木的根系较浅，而以山桃、山杏为砧木的根系较深。

二、芽

芽（图3-1）分为花芽和叶芽。叶芽形状多瘦弱，萌发后仅抽枝梢；花芽通常较肥大。李树为纯花芽，纯花芽内只有花器原始体，萌芽后仅能开花结果，一般1个花芽可开出2 ～ 4朵小白花。根据芽在同一节上的数目与位置，又分为单芽和复芽，以及主芽和副芽。在同一节上仅有1个芽称为单芽，如果在同一节上生有2个以上的芽称为复芽。李树的芽多为复芽。主芽在叶腋的中央，一般李树普遍存在2 ～ 3个芽，中间芽为叶芽，两边芽多为花芽。有两个芽的1个是花芽，另1个是叶芽。只有1个芽的，或是花芽，或是叶芽。

李树芽的萌发特点，可分为活动芽或者潜伏芽（隐芽）。活动芽是当年形成，当年萌发，或是第二年萌发；潜伏芽经一年或者多年潜伏后才萌发。潜伏芽对于李树更新有很大的意义。李树的潜伏芽较少，不利于更新枝条，所以李树的寿命要比苹果和梨的寿命相对短得多。

图3-1　李形态手绘

三、叶

叶片（图3-1）呈长倒卵形或倒卵圆形、长圆披针形、宽披针形，平展或不平展呈波纹状，有毛或无毛，先端长渐尖或骤尖。叶基部广楔形、楔形或圆形。叶缘锯齿尖或钝，单或重。具有叶柄，腺体2 ～ 4个或无。杏李叶片较特殊，有部分侧脉不是伸向叶缘而是直伸叶尖。叶片大小与密度对枝条、花芽分化和果实发育有很大影响。因此，促进叶片正常生长和保护叶片是非常重要的。

四、花

两性花（图3-2），单生或2 ～ 5朵簇生，小而白，花瓣、花萼均为5枚，花量大，但许多发育不正常。雄蕊多，20 ～ 30枚，柱头不分裂，子房无毛，1室具有2个胚珠。

图3-1　李花

五、果

果实有扁圆形、椭圆形、长圆形、圆球形、梨形、心形等。果顶微凸、平或微凹等，缝合线深或浅、明显或者不明显、两侧对称或不对称。果皮底色有黄、绿、橙黄、蓝等颜色，表色彩有鲜红、紫红、暗紫、蓝、黑等颜色。果皮厚或薄，核两侧扁平，一般无核翼，少数有沟或网纹。离核、半离核或粘核。

第2节　李的生物学特性

李的生物学特性

一、生长特性

李为温带落叶性小乔木果树。幼龄期生长迅速且旺盛，1年内新梢生长可达2～3次，树皮灰褐色，起伏不平，树冠高度3～5米，2～3年开始结果，5～8年进入盛果期，李树的寿命因种类、品种及农业栽培技术不同而有显著差异。一般寿命15～30年或者更久。树冠开张或半开张，多呈自然开心形或自然圆头形。

二、结果习性

苗木定植后3年开始结果，5～6年后进入盛果期，经济结果年龄达40年以上。李树的结果特性与桃等果树相似，枝梢顶芽均为叶芽，侧生。在较粗的枝条上，花芽多与叶芽并生为复芽；在弱枝上花芽则单生于叶腋间。每一个花芽内形成的花朵数为1～4朵不等，但以1～2朵花者为多。结果枝分为长果枝（20厘米以上）、中果枝（10～20厘米）、短果枝（5～10厘米）（图3-4）及花束状果枝(4厘米以下)。以花束状果枝最多，除个别品种之外，花束状果枝均占60%以上。中、长果枝虽发育充实，各节复芽较多，开花量也不少，但因枝梢先端常抽生数条旺盛的新梢，养分消耗多，往往容易落花落果。李的自花不孕现象比较普遍，正常花粉率较高，但花粉发芽率低，多数品种需配置授粉树（表3-1）。中国李的各种枝条见图3-3。

表3-1　李不同品种正常花粉率、花粉发芽率和自花结实率

品种	正常花粉率（%）	花粉发芽率（%）	自花结实率（%）
棕李	43.5	24.3	12.4
艳红李	56.7	24.7	8.3
澳得罗达	77.3	33.8	16.7
芙蓉李	84.0	45.2	16.8
黑宝石	86.2	43.6	23.6
紫琥珀	89.8	32.3	25.7

图3-3　中国李的各种枝条

A.生长枝　B.长果枝　C.二年生基枝先端抽长枝其下着生花簇状短果枝
D.下部三年生基枝和上部二年生基枝分枝状态　E.五年生基枝上所生花束状短果枝群
a.花簇状短果枝　b.短果枝　c.中果枝　d.生长枝
1～5.枝的年龄

图3-4　短果枝

果实的生长发育大致分为3个时期：

（1）发育初期（从授粉到开始硬核）。在这期间果实生长较迅速。

（2）硬核期。这期间核层由乳白色渐渐变成褐色，质地坚硬。种仁由透明水晶状变成乳白色的子叶。果实生长缓慢，主要是种子生长发育。

（3）成熟期。在这时期果实增大生长最快，直到果实成熟。

李的物候期

第3节　李物候期

植物的外部形态与内部生理的变化与一年中季节性的气候变化相吻合的时期，称为生物学气候学时期，简称物候期。李的物候期分为生长期和休眠期，生长期又分为开始生长期、花芽分化期、现蕾期、开花结果期、旺盛生长期。休眠期从秋季休眠到第二年萌芽生长结束，外部形态无明显变化。

一、落叶休眠期

休眠是植物适应冬季低温的一种自我保护性生理现象，此期为李树植株开始休眠至早春萌芽前。李树休眠时期一般是11月下旬至翌年2月上旬。在露地栽培的自然条件下，晚秋到初冬日照时间变短，气温下降，李生长发育停滞，落叶是生长期结束并进入休眠的重要形态标志。在休眠的树体中，内部仍然进行着各种生理活动，如呼吸、蒸腾、吸收、合成等，只是较微弱。日照长度和温度是影响李休眠的重要因素。一般长日照促进生长，短日照促进植物休眠。

二、花芽分化期

李的花芽分化分为6个时期，分化各个时期形态（图3-5）特征如下：

（1）未分化期。芽鳞片紧包生长点，生长点小而尖。

（2）开始分化期。紧包芽鳞片开始松开，生长点开始变宽变圆，呈半圆状至圆柱状。

（3）萼片分化期。生长点两侧凸起萼片原基，生长点中间相对凹下。

（4）花瓣分化期。萼片原基内侧下方有小的突起为花瓣原基。

（5）雄蕊分化期。花瓣原基内侧有若干小的突起，为雄蕊原基。

（6）雌蕊分化期。生长点中心底部凸起，形成雄蕊原基。

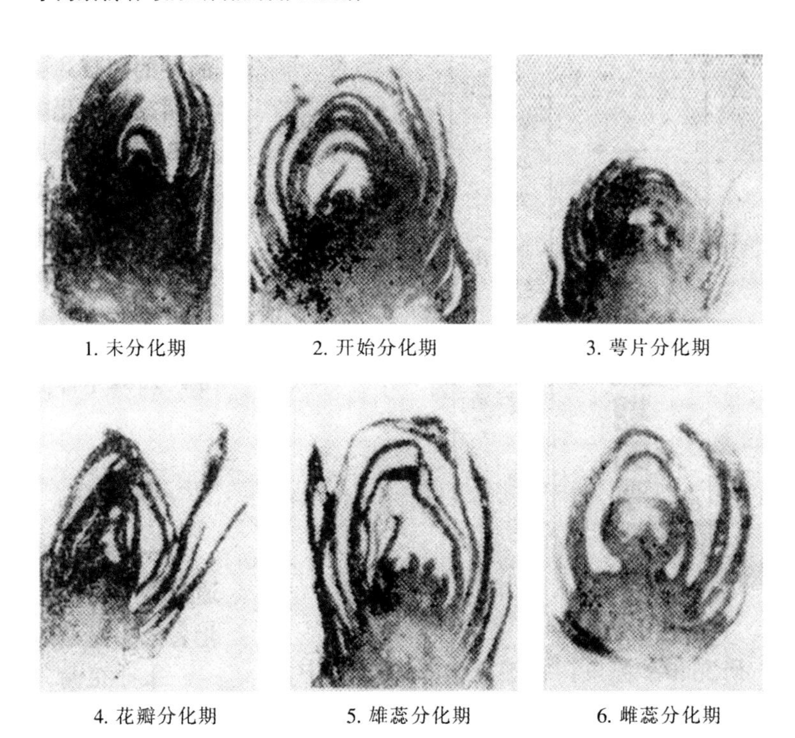

图3-5　李花芽分化各个时期形态特征

三、萌芽期、开花期

李树休眠以后，气温达到所需的温度范围时，经一段时间即开始萌芽，一般日平均气温达到5℃以上，土温达到8℃左右，经过10 ~ 15天开始萌动，花芽形成后，经过发育，成为花蕾继而开花。从花芽形成到开花之间的发育，长日照和高温起促进作用，一般在2月中旬至3月下旬，气温达到10.3℃以上。开花与生态地理条件关系密切，一般纬度向北推进1°（110千米），开花要延迟4 ~ 6天，山区海拔每升高100米，开花延迟3 ~ 4天，北坡较南坡要迟3 ~ 5天。李树的开花期可以分为5个时期：始花期，5%的花开放；盛花期，25%以上的花开放；盛花末期，95%的花开放；终花期，花全部开放并有部分开始脱落；落花期，大量落花到落尽。

四、枝梢生长期

一般是4月上旬至5月中旬。生长初期受气温和营养物质的限制，枝梢生长缓慢，叶面积较小，叶脉较稀，易黄化，寿命也较短，光合能力较差，叶腋内形成的芽大都发育较差而潜伏。随着气温升高，当年合成营养物质的能力提高，叶片面积大，光合作用强，新梢旺盛生长，对水分需求量较大，如水分不足时，促使新梢过早停止生长。

五、果实膨大期、硬核期

一般是5月下旬至7月上旬，李树果实开始膨大，核开始发硬，壮果壮梢。

六、果实成熟期

一般是6月中旬至8月中旬，李树果实生长发育所需时间自受精至果实成熟，因树种、品种不同而不同，早熟品种发育时间短，晚熟品种发育时间长。

第4节 李对环境的要求

一、温度

李树对温度的要求因品种和种类而异。李树生长季节的适合温度为20 ～ 30℃，花期最适宜的温度为12 ～ 16℃。不同发育阶段的有害低温也不同：花蕾期为−5 ～ −1℃，开花期为−2.7 ～ −0.6℃，幼果期为−1.1 ～ −0.5℃。李树的花期较早，易受霜冻危害，但如果能正确选择建园地点，注意选择适宜的地势和朝向，利用小气候的有利条件，也可预防或减轻冻害。

土壤温度能够直接影响根系活动，根际温度达5℃以上时，根系开始缓慢生长并从土壤中吸收营养。土壤温度达18 ～ 20℃时，根系旺盛生长且产生大量新生根。

二、湿度

李的根系分布较浅，抗旱性一般，对土壤缺水或水分过多反应敏感。一般土壤的田间持水量保持在60% ～ 80%，根系能正常生长。在新梢旺盛生长和果实迅速膨大期，需水量最多，耐湿性比桃树强。空气相对湿度对李树的生长也有很大的影响，开花期遇低温阴雨天气，会妨碍授粉受精，坐果率显著降低；花芽分化期和休眠期则需要适度干燥；果实成熟期多雨，果实成熟会延期，并容易诱发黑斑病，损害果实的外观和内在品质。

三、光照

李的耐阴性比桃树强，但光照条件太差，结果部位主要在树冠上方和外围，当外围枝梢过密时，树冠内部通风透光不良，易使内膛和下部枝梢生长细弱而降低结实能力。光照充足，树势强健，枝繁叶茂，花芽分化好，产量增加，果实着色好，而且含糖量增加，果实品质好。因此，要使李树获得丰产，必须合理种植，在修剪时，合理留果枝，疏除过密枝条，打开光路，使内膛有一定的光照条件，但也不能过强，避免日灼。

四、土壤

李对土壤要求不严，较耐瘠薄和粗放栽培，只要土层有适当深度和一定的肥力即可。一般来说，栽培李树以保水排水良好、土层深厚肥沃、富含矿质元素的黏质壤土为好，毛桃砧李树应该注意排水通气。在质地疏松的微酸性土壤中，根系生长良好，细根多，树势健壮；土壤浅薄、底层板结的紧土会导致根系浅弱，树势早衰，产量低，果小，品质差。因此，在瘠薄地建园时，最好深翻土壤，增施有机肥，培养发达根系，以利于优质丰产。

五、风

风能帮助李树授粉，并能改善温度和湿度。轻度的风能补充树叶周围的二氧化碳，使光合作用加强，对树体生长有利。但强风会使树体产生偏冠，主枝弯曲，枝断果落，叶片破损。冬季干燥的西北风，常使树体发生冻害，因此在风害较为严重的地区，应在果园周围营造防风林带。

第 4 章
李种苗繁育技术

一、苗地的选择

李育苗地应选择地势平坦，阳光充足，交通方便，地下水位低，能及时排灌的位置，要求土壤pH在6.5 ~ 7.5，土质疏松，土壤肥沃的沙壤土，切忌在已种植过核果类水果（桃、樱桃、梅、杏等）地上进行李种苗育苗，或在已繁育过核果类水果（桃、樱桃、梅、杏等）苗木地上进行重茬种植。

二、苗地整理

苗地整理要按繁殖种苗的不同方法进行，通常可分两个时间准备，一是9月上旬，二是2月上中旬。9月上旬整理苗地主要用于当年的实生苗播种（由种子繁殖的苗木）和砧木苗播种；2月上中旬整理苗地用于小苗的移栽和嫁接体移植，或播种经沙藏后的砧木种子。需2月上中旬整理的苗地最好应在土壤封冻前先进行深翻，深翻前每亩都应均匀撒施有机肥1 500千克以上、硫酸亚铁20千克、过磷酸钙60千克、复合肥40千克。翻耕后要敲碎土块，然后开沟作畦，畦面要平整、土质细碎，畦宽120厘米、沟深25 ~ 30厘米，整理好苗地后待适宜的天气及时进行播种和移栽。为防治幼苗期杂草危害，可在播种和移栽前的2 ~ 3天，用丁草胺封闭类除草剂喷施苗床地，抑制杂草幼芽萌发，减少苗地杂草的生长，每亩使用60%丁草胺乳油75 ~ 125毫升，兑水35升进行喷施。

三、种子沙藏

李实生种子或做繁殖李种苗的砧木种子都需要低温层积处理，若种子采收后直接播种，种子在苗地中自然低温处理，其出苗率不高或出苗不整齐。通常是先将采收后处理干净的种子在当年集中统一进行低温沙藏处理，种子沙藏处理也称种子层积处理。种子开始进行沙藏处理的时间要根据种子的休眠期而定，对种子进行低温沙藏，掌握温度和湿度很重要，若使种子处于高温高湿的环境中，容易霉烂。秋季种子采收后已晾晒，冬季沙藏前视种子特性进行浸种，浸种的时间因品种和种子干湿度而异，沙子湿度60%为适宜（用手抓一把湿沙，用力握时沙子不滴水，松开时沙团又不散开）。沙藏天数因种子而异，种子露白后适时播种。

种子沙藏层积有两种方法：

1. 室内沙藏　把提前准备好的细沙晒干后，移入室内用敌磺钠、福尔马林、硫酸铜、高锰酸钾等溶液对干沙进行消毒，并不停翻搅使其均匀，使湿度达到60%左右（湿度过大需翻搅并通风）。沙藏时底层铺30～50厘米厚湿沙，然后一层种子一层沙，每层种子距沙层边沿20厘米。沙藏完后，沙堆呈梯形，且不高于70厘米，最后，在沙堆四周铺上一层稻草或麻袋。种子在沙藏过程中有呼吸作用，所以室内需要经常通风，定期刨开沙子，检查种子及沙子湿度，若沙子湿度不够，要向稻草或麻袋上洒水，洒水后重新在沙堆周围盖好覆盖物。

2. 露天沙藏　小雪过后土壤封冻前是沙藏用于春播种子的最佳时期，方法如下：

（1）挖坑。在种子量较大的情况下，于地势高、排水良好、背风阴凉处，挖深60～80厘米、宽80～100厘米的坑，长度随种子量多少而定。

（2）种沙混合。像硬粒种子桃、杏等，要先用清水浸泡5～7天，待内种皮见湿后方可与湿沙混合；小粒种子海棠、杜梨等要先用清水浸泡1～2天，方可与湿沙混合。沙要用冲洗干净的中沙。沙的湿度以手握成团而不滴水，松开时裂开为好。种沙的混合比例为大粒种子用10倍于种子体积的湿沙，小粒种子用5～8倍的湿沙，种沙混合均匀。

（3）堆放。在沟底先铺1层10厘米厚的湿沙，再把混合均匀的种沙填到沟内，待堆到离地面10厘米左右时，摊平，再覆湿沙，最上面呈屋脊形。沙堆上每隔1～2米插1根秫秸至沟底，以利于通气。在种子量不大的情况下，于背阴、冷凉、湿度变化不大的地方，先在地上铺10厘米厚的湿沙，然后把混合均匀的种沙（方法、比例同上）堆成堆，最上面覆5～10厘米厚的湿沙即可。或者把混合好的种沙装入木箱或编织袋中堆放也可。

四、繁育技术

传统的李苗繁殖方法有实生、分株、扦插和嫁接4种。现代多采用嫁接育苗，以适应良种优质化生产的要求。

（一）实生（种子繁殖）

直接由种子繁殖的苗木为实生苗。实生苗具有生长旺盛、根系发达、寿命较长等特点；但后代品种特性容易变异，不能获得品质一致的产品，童期较长，进入结果期较晚。它是一种最原始的育苗方法，目前只用在杂交育种和培育砧木苗时用。实生苗繁殖可分两个时间进行播种，一是10月下旬，直接在9月已整理好的苗地中进行种子直播，用种量225 ~ 300千克/公顷，在播种前先将种子浸泡24小时，然后采用宽窄行条播，宽行50厘米、窄行25厘米，畦区宽120厘米，开沟作畦，株距15 ~ 20厘米，点种，每穴1 ~ 2粒，覆土厚4 ~ 5厘米，然后将整个畦面覆盖地膜，四周用土压实，沟内放水至渗透畦后即可。二是3月上旬即惊蛰前后播种（经沙藏后的种子），用种量和播种方法与种子直播一样。

（二）分株

利用根蘖苗繁殖。根蘖苗为无性植株，能保持品种固有的特性，育苗方法简单，以往民间传统多用此法，现在还可辅助应用。李子树根际萌蘖可供分株繁殖，通常根际堆土，促进水平根上形成不定芽，萌芽抽梢后翌年将根蘖苗与母株分离，成为独立的小苗进行移植。分株形成的小苗在当年的冬季移植到苗地，按株行距25厘米 × 30厘米的密度进行移植，培育成大苗后才能出圃。

（三）扦插

扦插育苗可分为硬枝扦插和嫩枝扦插。李一般采用嫩枝扦插进行繁育，李的嫩枝扦插成活率达90%，移植成活率可达86%以上，育苗全过程只需40天左右，方法如下。

1. 建好苗床 在阴凉处搭一塑料棚（或用竹片、木板、草帘材料均可），将棚内场地整理干净，并用细河沙做好扦插床。用0.5%高锰酸钾溶液或50%多菌灵可湿性粉剂或70%甲基硫菌灵可湿性粉剂或70%代森锰锌可湿性粉剂500倍液，对扦插床进行严格灭菌消毒，喷药量以湿润沙床表面为度。棚内温度保持在20 ~ 28℃，空气相对湿度不低于70%。

由于是带叶嫩枝扦插，必须让自然散射光照射棚内，以利于扦插穗进行光合作用。棚规格大小视育苗数量而定。一般每平方米可育苗250株左右。

2. 采集穗条　从无病区采剪盛果期健壮母树上当年生带叶嫩枝（早春扦插可采集上年未萌发枝，粗度以0.7厘米左右为好）做插穗，长度10～20厘米，上部保留2～3片叶或3～5片叶。所剪插穗品种不能混杂，要及时系上标签。穗条要求半木质化，无病虫害。采下的穗条每50～100根捆成1把，将其基部约2厘米长的部分浸入浓度为0.005%～0.01%的ABT生根粉1号溶液或0.025%萘乙酸溶液中0.5～1小时。

3. 及时扦插　用刀将插穗基部削尖。扦插前，先用小木棍在扦插床上打孔，然后再将插穗插入孔内，扦插深度5～8厘米，株间距6～8厘米。扦插后立即浇水并及时扣棚保湿。

4. 插后管理　插后注意棚内温度、床面湿度及通风透光情况，如中午高温，要多喷凉水。在保证插穗所需温度和湿度的条件下，应尽量降低扦插床的含水量，以防止过湿烂苗。插后7天，开始产生愈伤组织，15天后插穗开始发根，待根数达10根以上，根的长度平均达5厘米以上时，即可移植。

（四）嫁接

即把一种植物的枝或芽，嫁接到另一种植物的茎或根上，使接在一起的两个部分长成一个完整的植株。李苗的嫁接繁殖要根据环境条件和栽培要求选择适宜砧木，嫁接育苗是李生产上普遍采用的繁殖方法。

1. 砧木的选择　李树的砧木有毛桃、杏、李、山桃、扁桃、樱桃李、毛樱桃和梅等。南方地区多用毛桃、李、梅等做砧木较多，近年来用毛樱桃做砧木，多数品种嫁接亲和性较好，表现为树体矮化、结果早、易丰产。砧木的培育可以先播砧木种子，培养出砧木苗后嫁接，也可以直接买砧木苗进行嫁接。

李树砧木的特点分别如下：

（1）毛桃砧。与李树的亲和性高，嫁接苗生长快、结果早、易丰产，且耐瘠薄，抗干旱，适应性广。其缺点是不耐低洼黏重土壤，不耐涝，且易患根癌病。嫁接部位过高时有大脚现象。

（2）李砧（共砧）。对低洼黏重土壤适应性强，寿命较长，根癌病少。但抗旱、耐寒力较差，极易萌发根蘖，减弱树势。多数品种的核仁发育不良，出苗率低，采种时应注意选择。

（3）毛樱桃砧。与多数品种嫁接亲和性较好。但根系发育较差，分布较浅，抗风力较差。树体表现为矮化、结果早、易丰产，但果实较小。

（4）梅砧。与部分品种嫁接亲和性好，耐湿性强，在我国南方温暖多湿地区应用较多。

2. 接穗的准备与保存　在植物嫁接操作中，用来嫁接到砧木上的芽、枝等分生组织被称为接穗。

（1）接穗的选择。要繁殖的优良品种中的健壮、无病虫害的植株做接穗母株。为了提高嫁接成活率和苗木质量，应选取母株上部阳面、生长势良好、节间较短、新鲜充实的幼龄枝中部饱满枝芽做接穗。

（2）接穗的剪取。在生长期采集接穗进行嫁接，需剪取带叶的接穗，最好随采随用。采集时，要选择当年生的生长充实、芽比较饱满、无病虫害的发育枝。枝条采下后要立即把它的叶片剪掉，只留下一小段叶柄，而后用湿布包好，放入塑料口袋中备用。另外一种是冬季或早春嫁接，即在树体休眠期或树液刚开始流动时进行嫁接，这时都称休眠期嫁接，在晚秋生育停止后或冬季剪取不带叶的接穗(俗称硬枝条)，通常是剪取树冠外围当年生的长果枝，尽量避免用徒长枝，枝条的粗度与砧木粗度基本相同，贮藏待用。

（3）休眠期嫁接时硬枝条接穗的保存。休眠期嫁接有时接穗需贮藏较长时间，一般是冬季修剪时剪下的枝条，按品种捆成小捆贮藏起来。贮藏时温度要低（0℃左右），并且保持较高的湿度和适当通气。这样能使枝条在低温下休眠，并且不失掉水分，因而不会降低生活力。如在室内贮藏，可在室内的地面上先铺一层湿的细沙，然后将接穗的枝条大部分埋起来，上部露出土面即可，当湿沙的表面发白时，再适当洒水。保持沙的潮湿程度。如在室外贮藏，选择比较高燥的地方，根据需贮藏接穗的数量和接穗的长度，挖沟贮藏，将冬季剪下的接穗捆成小捆，用标签注明品种，埋在沟内，上面用湿沙或疏松潮湿的土埋起来，接穗上部的1/3要露出土面。注意不能在埋藏完接穗后灌水，以免湿度过大，不通气而霉烂，接穗数量少也可用塑料薄膜封闭后放冰箱冷藏保存。

3.嫁接方法　李苗的嫁接可分两个时期，一是生长期嫁接，一般采用芽接的方法；二是休眠期嫁接，一般采用枝接的方法。

(1) 芽接。芽接在李树枝条上的芽形成后即可进行，通常在5月中旬至6月中旬，或8月下旬至10月上旬。一般是需当年成苗出圃，在5月中旬至6月中旬，但当年出圃的成苗，比较矮小细弱，要求有疏松的土壤条件、肥水条件和管理水平；8月下旬至10月上旬进行芽接，芽当年不萌发，需第二年才能成苗出圃。

李树苗芽接方法有T形芽接和嵌芽接两种，均在砧木苗地上直接进行嫁接。

①T形芽接（图4-1）。T形芽接时间一般在5月中旬至6月中旬，分以下几步进行：

接穗准备：芽接时先要准备好接穗，芽接接穗应选用发育充实、叶芽饱满的当年生新梢。接穗采下后，留1厘米左右的叶柄，将叶剪除，以减少水分蒸发，最好随采随用。

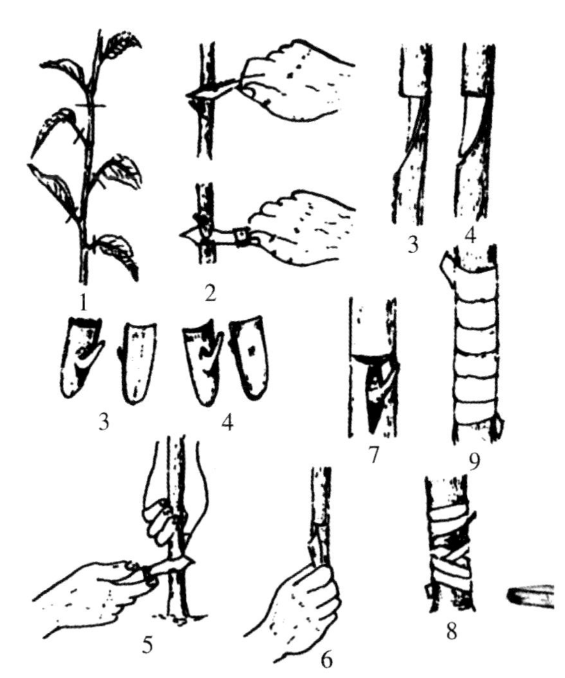

图4-1　T形芽接

1.去叶　2.取芽　3.带木质部取芽　4.不带木质部取芽　5.砧木基部切T形口　6.开口　7.接穗贴入T形口　8.捆绑（露出芽叶）　9.全包捆绑（不露出芽叶）

（引自高新一等，2008，《果树林木嫁接技术手册》）

切削接穗：马上削接穗，接穗可以不带木质部、带木质部或少量带木质部。削切接穗的方法是在芽的上端约0.5厘米处横切一刀，宽约接穗粗度的一半，深度以切到木质部为止，也可切得稍深些，切断部分木质。然后从叶柄以下1.0 ～ 1.5厘米处开始，由下往上切削深入木质部再向上削至横切处，取芽时一手弯曲枝条使接芽突起，另一只手拿住切削芽的叶柄将芽片向右边或左边轻轻移动，由上往下即可取下芽片，一定要注意切的深度适当，保证能将芽片完整取下、不带毛边。一般在接穗形成层很活跃、剥皮容易的情况下采用切削不带木质部的芽；接穗形成层不活跃或接穗经长途运输后，离皮困难的情况下采用切削带木质部的芽。木质部带的多少和横切的深浅有关，切得深则带木质部多，切得浅则带木质部少。

做好T形砧木切口：根据砧木的生长情况，砧木的分枝点较低，叶片较多，可在砧木离地面4 ～ 5厘米处进行嫁接；砧木的生长情况一般或较差，砧木的分枝点较高，叶片较少，有落叶现象，可在砧木离地面10 ～ 15厘米处进行嫁接。要在砧木嫁接处选择光滑无疤、无分枝的部位，先把叶片除去，横切一刀，宽度比接芽略宽，深达木质部，然后从横刀口的中央开始切纵刀，长度与芽片长相适应，形成T形口，纵刀的深度以切到木质部为止，不能太浅也不能太深，保证能将皮层顺利剥开即可。

接穗与砧木接合：左手拿住取下的芽片，右手用刀尖或芽接刀后面的牛角片，将砧木T形切口处两边的树皮撬开，把芽的下端放入切口内，拿住叶柄轻轻往下插，使芽片上边与T形切口的横切口对齐，其他部分与砧木紧密相贴。

包扎：李树苗的芽接包扎要露出芽和叶柄，采用厚度0.06厘米聚乙烯薄膜，宽1.0 ～ 1.5厘米、长30厘米的薄膜条由下而上、一圈压一圈地把伤口全部包严，将芽片四周捆紧，但要露出芽和叶柄。

图4-2　嵌芽接

②嵌芽接（图4-2）。8月下旬至10月上旬的嫁接因较难剥皮，需带有较多木质部的芽进行嫁接，所以一般是采用嵌芽接。嵌芽接是不受砧木与接穗枝条是否在离皮季节限制的芽接方法，从接穗枝条芽的上方1.0 ～ 1.5厘米处下刀，自上而下，带木质部直

向下平削，至芽基以下1.5～2.0厘米处，横向斜切一刀，即可取下芽片，宽度视砧木及接穗粗细而定。然后在砧木选好的嫁接部位上，由上向下平行切一刀，深入到木质部，长度比接穗要略长些，再横向斜切，不要全部切掉，下部留0.3～0.5厘米，宽度视接穗粗细而定。将切好的芽片插入砧木切除的基部，芽片的顶部或芽片的一侧与砧木的顶部或一侧对齐，即形成层对正。芽片与砧木嵌合后，用聚乙烯薄膜条，从嫁接部位的底部自下而上每圈相连进行严密地绑扎，防止水分蒸发和雨水流入影响成活。接穗与砧木的粗度相近时，尽量使芽片和砧木的切口大小相近，保证形成层上下左右都对齐，以利于成活。嫁接时要注意，切下砧木的长度要与接穗芽片的长度相等或略长，以便产生愈合组织并方便贴牢。接穗切取时，芽片不能太厚，带木质部多，组织愈合难。一般来讲，带的木质部越少越好。选择砧木、接穗时，双方粗度最好相近，特别要注意接穗粗度不能大于砧木的粗度。

检查成活率：芽接后要及时检查成活率，一般在芽接后7天可检查成活情况，检查时要仔细查看芽接部位，如果接穗芽片的叶柄一触碰就掉落，芽片皮色鲜绿，说明嫁接成活，如果叶柄触碰不能掉落，芽片干枯或芽片的皮色变褐色，说明没有接活，要进行补接。

解缚：在5月中旬至6月中旬采用T形芽接的苗，计划当年成苗出圃的苗，在成活15天后，就要及时解缚，如不解缚，绑扎的塑料薄膜会勒入新抽生的枝的皮内，影响苗木的生长以至勒断苗木。8月下旬至10月上旬秋季嵌芽接的苗，因当年可能不萌芽或生长量不大，可在翌年开春萌芽后解缚。

（2）枝接。休眠期嫁接，一般采用枝接的方法，枝接的优点是成活率高，接苗生长快，但比较费接穗，要求砧木要粗。常见的枝接方法有切接（图4-3、图4-4）、腹接等。枝接在砧木落叶前到翌年春天芽萌动前（即10月下旬至翌年3月初）都可进行，但以秋接成活率高。枝接可采用在砧木地上直接嫁接，也可把砧木挖出来或已进行沙藏的砧木起出来在室内嫁接（一般称起桩接）。枝接可一人或多人合作，三人合作时，由一人专门修剪刀切砧木，一人削接穗，一人接合绑缚。如在砧木地上直接进行切接应选择在晴朗无风的天气进行，切接的方法是将距地表5厘米左右以上部分的砧木枝条剪去，选树皮较光滑一侧进行切接。如砧木起出来嫁接的可在室内进行，选择在靠近根部5厘米左右较光滑的位置将砧木剪断，剪口要平整，适当地修剪砧木根系，一般保留10厘米长的1 ～ 2条直根就可以了，以便种植，然后用切接刀在砧木的断口稍带木质部垂直切下，切入的位置不能超过砧木横切面的1/3，切入的长度应稍小于接穗大削面的长度；接穗最好随采随用，也可用沙藏的枝条，接穗的粗度要等于或小于砧木的粗度，在削剪接穗时要选择接穗枝条中段部分，下刀要稳、准、快、平，先将接穗下部的一面削成长3厘米左右的大斜面（与顶芽同侧），在另一面削一马蹄形小斜面长约1厘米，削面必须平，再剪成有2 ～ 3个饱满芽的小段，每段的长度6 ～ 8厘米，然后迅速将接穗按大斜面向里、小斜面向外的方向插入切口，使砧木与接穗的形成层对齐贴紧，如果接穗较细，则必须有一边的形成层对准，然后用0.08毫米厚度的薄膜条严密绑缚好，在绑缚时要从砧木切入的最低点开始，围绕砧木薄膜一层压一层地紧密向上绑缚，当薄膜绕到砧木切面时，要用薄膜铺平覆盖住切面，然后在砧木上绕二圈，再覆盖住接穗顶部的断面，最后回到砧木上绑紧即可，注意绑扎时不要碰动接穗，以免形成层错位而降低成活率。

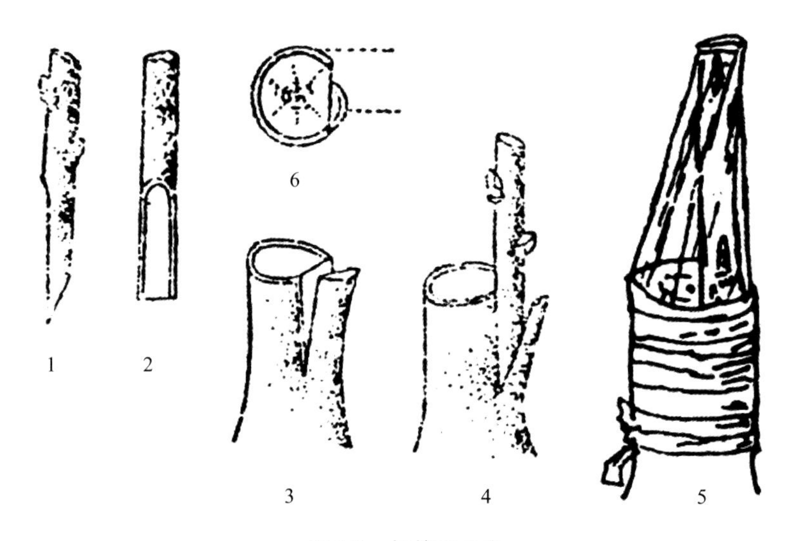

图4-3　切接法示意

1 ～ 2.接穗削法　3.切开的砧木　4.接穗插入砧木

5.绑扎　6.接后横断面

图4-4　切接法
1.接穗削法　2.切开的砧木　3.接穗插入砧木　4.绑扎

4.嫁接苗的苗期管理　5月中旬至6月中旬的芽接苗要进行二次剪砧或折砧，第一次在成活10天后，先在嫁接的芽片上部将砧木留5～10厘米处折断，也可剪砧。如剪砧，要离接芽3～5厘米处剪断，砧木上留几片叶，剪砧比折砧萌发早，待接芽萌发后抽生到一定长度，本身有充分的叶片提供光合作用后，可进行第二次剪砧，完全剪除接口以上的砧木，第二次剪砧时应注意剪口要平整，不要留桩过长，也不要剪口向一方倾斜，以免影响剪口愈合。8月下旬至10月上旬进行秋季嫁接的嵌芽苗可在第二年春季萌芽后剪砧。剪砧后应及时抹芽，把砧木上所发的芽全部抹除，只留嫁接芽。当芽苗长到5厘米左右，结合锄草开始施肥，肥料可用尿素或复合肥，每亩10千克，肥料要撒施在苗地的行距中间，并适当浇水，使肥料能快速融化被苗吸收，1个月后再施1次。苗地要及时除草松土，保持苗地疏松透气，新生副梢长20厘米时摘心，发育枝长60 ～ 80厘米时摘心。如果枝条多，可以疏去一部分枝条；如果枝条不太密，尽量少疏多控。7月中旬以前，要将果园内杂草除净。7月至8月下旬高温季节应适时浇水，避免干旱影响苗木生长，9月底嫁接芽长到70 ～ 100厘米时全部摘心，并停止浇水，促进苗木加粗生长，使其老熟，以提高苗木的越冬能力。

8月下旬至10月上旬进行的芽接，一般当年不萌芽，俗称半成品苗或芽苗，到第二年3月下旬嫁接的芽开始萌芽后，在接芽上1厘米处剪砧。苗木的管理与5月中旬至6月中旬的芽接苗相同。

在室内枝接的最好将接好的嫁接体进行沙藏，沙藏的面积要根据嫁接体多少决定，沙要细而潮湿，沙的堆放高度为30厘米，沙面要平整，沙藏时可将嫁接体一根紧贴一根并排插入沙中，也可10根以下一捆并排于湿沙中，湿沙以埋没接穗为度，沙藏时间7天左右，待愈合组织生成后陆续移栽到苗圃地，移栽时要小心拿放和种植，同时避免在下雨天进行，否则将会影响成活率。嫁接体在苗地的种植密度为株距20厘米、行距25厘米，种植深度在嫁接口以下，种植后及时浇水，使苗地畦面湿润，但要注意水不能碰到嫁接口，以免影响嫁接口愈合，接穗萌芽后及时抹去砧木萌发抽生的枝条，苗地的肥水、杂草管理与芽接苗相同。

5. 苗木出圃　李苗落叶后即可出圃，南方一般在11月中下旬至翌年2月下旬都可起苗出圃，起苗时应尽可能保持根系完整，避免苗木机械损伤。为能及早调运和种植，提高苗圃地的利用率，可在11月中下旬起苗后进行假植，方便以后陆续出圃。起苗后应将苗木按品种规格分类。出圃的苗木应符合以下要求：

（1）砧穗接合部愈合良好，无裂口。

（2）根系发达，主侧根3个以上，无根癌病。

（3）无明显的机械损伤，无流胶病和其他病害。

（4）品种纯正。

苗木的等级与质量要求如表4-1所示。

表4-1　苗木等级与质量基本要求

苗木等级	主干高度	主干粗度（嫁接口上5厘米处）
一级苗	100厘米以上	0.8厘米以上
二级苗	70～100厘米	0.6～0.8厘米
三级苗	70厘米以下	0.6厘米以下

李苗在起苗后如不及时运输或种植，应按品种、规格分别假植，假植时选择交通便利、地势高燥、排水方便的地方开假植沟，沟深50厘米左右，将苗木呈45°倾斜排列在假植沟内，每排一行苗木堆一层土，埋土只将苗木根部埋没即可，埋土后要适当浇水，使根系保持一定的湿度，下雨时要注意假植沟内是否积水，如积水要及时排水。

需要远运的苗木应妥善包装，包装时要注意保护根系和整形带内（40～60厘米）的芽，在打包前根系要用浓泥浆浸蘸，然后用草包或塑料包裹根部和整形带部位，做好苗木根部保湿，以50株或100株为1捆，同时要挂好标签，标明品种、数量、等级。

6. 苗地的病虫害防治　李树苗的病害主要有细菌性穿孔病、李子红点病、流胶病、根瘤病等，虫害主要有红蜘蛛、蚜虫、李小食心虫等。防治方法与生产基地相同。

第 5 章

李优质高效安全栽培技术

第1节 建 园

一、建园的环境条件

（一）温度

我国不同纬度区，李种群分布各异，对温度和海拔的环境要求也存在着差异，因此温度为生长环境优劣的首要因子。南方李品种多对温度适应性较强，年平均温度13 ~ 15℃以上，冬季极端最低温度－12℃即可存活；但在李的生长季节，仍然需要适宜的温度，才能使其生长发育并开花结果良好。由于李的花期早，花易遭受霜冻的危害，为了获得李的高产稳产，应采取有效的防霜措施，如树干涂白、霜前灌水和熏烟防霜法等。

（二）土壤

李对土壤要求不太严苛，土层较深、土质疏松、透气和排水良好的壤土和沙壤土为佳，土层厚度应在1米以上，最佳pH为6.5 ~ 7.5。提高土壤腐殖质含量、增加有机质是平衡土壤pH、改善土壤结构、提高土壤蓄水保墒能力的有效途径。土壤中合理的氮、磷、钾分布除增加产量外，还能改善果实品质。但南方李在6月以后施用过量氮肥就会推迟果实成熟，造成枝梢徒长，不利于果实品质提高以及花芽的形成。对低洼易涝地必须挖深沟，起高畦种植，以利于排水防涝。因李大量吸收根分布较浅，故以保肥保水力较强的园地最为适宜。

（三）光照

李是喜光果树，年生长期内年日照时数要求达2 000h以上，生长期（4 ~ 9月）的日照时数在1 500h以上。日照时数与强度对李生长，花芽分化及开花结实有重要影响。在良好的光照条件下树势旺盛、生长健壮、叶片浓绿、产量高、品质好。若光照不足，枝条细弱、花芽少而不充实、产量低。所以，李要进行整形修剪避免枝条重叠，使叶面积分布均匀，提高光能利用率。在李的建园中，要特别注意选择园地，合理安排栽培密度和方式。

（四）水分

李对土壤水分反应敏感，在开花期多雨或多雾会妨碍授粉；在生长期，如果水分过多，会使李的根缺乏氧气，而且会导致土壤中积累二氧化碳和有机酸等有毒物质，从而影响根系的发育，甚至使植株死土。所以，李宜栽在地下水位低、无水涝危害的地方。但在幼果膨大初期和枝条迅速生长时缺水，会严重影响果实发育而造成果实的脱落，减少产量。因此在年降水量500毫米以下的干旱、半干旱地区建园要有灌溉水源；在年降水量1 000毫米以上的平地、低洼地带建园，应建立排水系统，为李正常生长发育创造良好的条件。

（五）周边环境

选址科学，避免重污染环境。由于现代工、农业生产的发展和人类生活活动，使大量的工业和生活废弃物以及农用化学物质进入园地、大气和水体中，当其数量超过果园环境本身的净化能力时将导致果实环境剂量下降，甚至破坏果园生态平衡。因此李园选址应该远离污染源（农药、炼铁、炼焦、硫酸、化工、造纸、化肥等工厂），要建在粉尘和酸雨少的地区或建立污染源的上游、上风的地段。

二、李园规划

（一）规划的原则

1. 整体规划充分　李园的规划设计应根据建园方针、经营方向和要求，结合当地自然条件、物质条件、劳动力资源等综合考虑，进行整体规划。坚持综合利用、立体开发的开发原则，充分提高土地利用价值，实现开发效益最大化，增强市场竞争力，有利于推进李规模化生产、产业化经营。

2. 品种搭配优良　要根据建园类型选择适宜的品种，品种可划分为主栽品种和搭配品种。主栽品种应是通过当地品种对比试验，在丰产性、抗逆性等方面表现优良的品种；搭配品种是能够满足主栽品种授粉需要且具有一定优良性状的品种。还要根据主栽品种特性确定品种配置及栽植方式，标准化李园栽培方式可划分两大类型，一种是集中连片纯园式栽培，另一种是李与农作物或其他果树混合栽培。

3. 规划设计全面 努力将路、林、排灌等配套内容进行有机结合，提高土地利用率，有利于机械化的管理和操作，以降低劳动强度和管理成本。对地形复杂、通过治理能够满足机械化作用的园地，应在规划时强化治理内容，做到先治理，后开发。充分注意地下水位及排灌系统的设计，要求达到旱能灌，涝能排。将建园栽培前的土壤改良、蓄水保墒，为李生长发育创造良好条件的工程措施列入规划。

（二）作业区划分

1. 作业区划分依据 正确的作业区划分应满足以下几点要求：同一小区内气候、土壤条件、光照条件基本一致，以保证作业区内农业技术的一致性；能减少或防止果园中的水土流失；能减少或防止果园的风害；便于运输和机械化管理，提高劳动效率。

2. 作业区面积 作业区的面积大小，取决于李园的规模、地形及地貌，过大容易造成管理上的不便，过小不利于机械化集中作业，还会增加非生产用地。一般平地类型，小气候较为一致的情况下，作业区面积可在6.67公顷左右；在土壤、气候条件不一致的地区，作业区面积可缩小到3.33公顷左右。南方山区及丘陵地区地形复杂，土壤和气候条件差异较大，作业区的面积可为1 ～ 3.33公顷。总之，作业区面积的大小要因地制宜。

3. 作业区的位置和形状 作业小区的形状通常以长方形为宜，除了管理方便、外形美观外，还可进行设施大棚建设或者避雨栽培等。作业小区长与宽的比例可为5∶3 ～ 5∶2，作业小区走向应考虑风向等因素以减轻风害。作业小区的形状划分、位置设立，既要考虑耕作的方便，同时也要注意保护生态环境，要根据当地的地形、地貌，因地制宜，使作业小区与周围环境融为一体。山区、丘陵宜按等高线横向划分，平地可按机械作业的要求确定作业小区形状，原有的建筑物或水利设施均可作为作业小区的边界。例如，用滴灌方式供水的果园，作业小区可按管道的长短和间距划分；用机动喷雾器喷药的果园，作业小区可按管道的长度而划分。

（三）道路的设置

在规划各级道路时，应注意与作业区、防护林、排管系统、输电路线以及机械管理等相互结合。在中型和大型果园中，果园的道路系统由主路(干路)、支路和小路三级组成，主路一般布置在作业大区之间，修筑于主、副林带一侧，贯穿全园，路面一般宽度为4 ～ 8米，以便运输产品和肥料等；支路一般布置在作业大区之内、作业小区之间，路面一般宽度3米左右，与主路垂直相接；作业小区之间的道路和环园路，可根据需要设计小路，路面宽度1米左右，以行人为主，应与支路垂直相接。小型果园，为减少非生产占地，可不设主路和小路，只设支路。山地果园的道路应根据地形布置，顺坡道路应选坡度较缓处迂回盘绕修建；横向道路应沿等高线，按3% ～ 5%的比例，与路面内斜2° ～ 3° 修建，并于路面内测修筑排水沟。支路应尽量等高通过果树行间，并选在作业小区边缘和山坡两侧沟旁，与防护林结合为宜；修筑梯田的果园，可以利用梯田的边埂为人行小路；丘陵地果园的顺坡主路与支路应尽量选在分水岭上。

（四）排溉系统的建设

1.灌溉系统的规划　果园的灌水方法有地面灌溉、地下灌溉、喷灌和滴灌等。

(1)地面灌溉。地面灌溉因具体的方式不同，可分为分区灌水、树盘灌水、沟灌、穴灌等。地面灌溉简单易行，投资少，是目前最广泛、最主要的一种灌水方法，但缺点是灌溉用水量大，灌水后土壤易板结，占用劳动力多，不便于果园机械化操作。果园地面灌溉所用水源因地而异，平地果园以河水、井水、水库、渠水为主；山地果园以水库、蓄水池、泉水、扬水上山等为主；西北干旱地区则以雪水为主要水源。果园地面灌溉渠道系统，包括干渠、支渠和园内灌水沟三级，干渠可将水引致果园中，贯穿全园；支渠可将水从干渠引致作业区；灌水沟则将支渠的水引致果树行间，直接灌溉树盘。

各级灌溉渠道的规划布置，应考虑果园的地形条件和水源的布置等情况，并注意与道路、防护林和排水系统相结合。在满足灌溉要求的前提下，各级渠道应相互垂直，尽量缩短渠道的长度，以减少土石方工程量，节约用地，减少水的渗漏和蒸发损失。干渠应尽可能布置在果园的最高地带，以便控制最大的自流灌溉面积；在缓坡地可布置在分水岭处或坡面上方；平坦沙地则宜布置在栽培大区间主路的一侧。支渠多分布在栽培小区的道路一侧。

(2)地下灌溉。地下灌溉是利用埋设在地下的透水管道，将灌溉水直接送入果树根的分布层，借助土壤毛细管作用自下而上湿润根区土壤、以供果树吸收利用的一种灌水方法。这种灌水方法的优点是灌水质量好，果园的产量高；蒸发损失小，节约用水少；少占耕地，便于田间耕作管理；可以利用灌溉系统施肥；干旱地区可以有效利用雨水，多雨地区可以利用灌溉系统排水。其缺点是地表湿润差，地下管道造价高，容易淤塞，检修困难。地下灌溉系统可分为输水和渗水两个主要部分，输水部分的作用在于连接水源，并将灌溉水输送到果园的渗水管道，输水部分可做明渠或暗渠；渗水部分是由埋设在田间的管道组成，灌溉水通过这些管道渗入土壤。

地下灌溉的技术要素主要包括透水管道的埋设深度、管道间距、管道长度和坡度等。在缺乏资料的情况下设计地下灌溉系统时，需对上述各要素进行必要的试验，或参考类似地区的资料。

(3)喷灌。喷灌是将具有一定压力的水通过管道输送到田间，再由喷头将水喷射到空中，形成细小的水滴，像下雨一样，均匀地喷洒在果园内。实践证明，喷灌具有增产，省水省工，保土保肥，适应性强，调节果园小气候，便于实现果园水力机械化、自动化等优点，是一种先进的灌水方法。其缺点是基建投资大，受风的影响较大。

2. 排水系统的规划　不论在平地、山地丘陵或低洼地建园均应注意排水问题。果园排水系统的规划布置，必须在调查研究及摸清地形、地质、排水出路、现有排水设施和排水规划的基础上进行。果园的排水系统，一般是由作业小区内的集水沟、作业区内的排水支沟和排水干沟组成，集水沟可将作业小区内的积水或地下水排放到排水支沟中去；排水支沟可承接排水沟排放的水，再将其排入到排水干沟中去；排水干沟的任务是汇集排水支沟排放的水，并通过他排放到果园以外的河流或沟渠中去。

山地或丘陵地的果园排水系统，主要包括梯田内侧的竹节沟，作业小区之间的排水沟和拦截山洪的环山沟、蓄水池、水塘或水库等。环山沟是修筑在梯田上方，沿等高线开挖的环山截流沟，其截面尺寸应根据界面径流量的大小而定。环山沟上应设溢洪口，使溢出的水流流入附近的沟谷中，以保证环山沟的安全。

（五）管理用房

生产用房包括管理用房、果品存放库、农具农药库、包装场、机井房、配药池、堆肥场等，这些设施在大型果园中是不可缺少的。小面积果园不必要设置过多的建筑物，但随着产业化的发展，按果品生产标准化的要求，一些必不可少的辅助建筑也应进行安排。平地果园的果品包装场和配药池应设在交通方便之处，尽可能设在果园中心；山地果园的包装场、贮存库应设在较低处。包装场的规模，可根据果园面积、产量、日采收量和日外运量确定，分级包装场必须保证车辆进出和装载方便，本着方便、实用、少占地的原则进行综合设计。

（六）防护林

防风林带的有效防风距离为树高的25 ～ 35倍，由主、副林带相互交织成网格。主林带是以防护主要有害风为主，其走向垂直于主要有害风的方向，如果条件不许可，交角在45°以上也可。副林带则以防护来自其他方向的风为主，其走向与主林带垂直。根据当地最大有害风的强度设计林带的间距大小，通常主林带间隔为200 ～ 400米^2，副林带间隔为600 ～ 1 000米^2，组成12 ～ 40公顷的网格。山坡地营造防风林时，由于山谷风的风向与山谷主沟方向一致，主林带最好不要横贯谷地，谷地下部一段防风林，应稍偏向谷口且采用透风林带，这样有利于冷空气下流；在谷地上部一段，防风林及其边缘林带，应该是不透风林带，而与其平行的副林带，应为网孔式林型。

防风林的结构可分为两种：一种为不透风林带，组成林带的树种，上面是高大乔木，下面是小灌木，上下枝繁叶茂。不透风林带的防护范围仅为林高的10 ～ 20倍，防护效果差，一般不选用这种类型；另一种是透风林带，由枝叶稀疏的树种组成，或只有乔木树种，防护的范围大，可达林高的30倍，是果园常用的林带类型。林带的树种应选择适合当地生长、与果树没有共同病虫害、生长迅速的树种，同时要防风效果好，具有一定的经济价值。林带由主要树种、辅佐树种及灌木组成，主要树种应选用速生、高大的深根性乔木，如杨树、槐、水杉、泡桐、樟树等；辅佐树种可选用柳、枫以及部分果树；灌木可用紫穗槐、灌木柳、沙棘、白蜡条等。

三、种植前准备及建园技术

标准化建园技术不仅能够提高栽植成活率和栽后保存率，更主要的是为新植幼苗提供良好的生长发育条件和充足的水肥条件，使幼树生长健壮，顺利通过发育阶段，为实现早、优、丰栽培奠定良好的基础。

（一）科学布局，确保规范

要按照园地规划设计要求和栽培目的、主栽品种特性在建园作业区以小区为单位进行栽植前的布点工作。栽植穴布点株行距，既要根据建园设计密度又要结合栽植小区的地形地貌；既要力求整齐划一，又要便于机械作业和生产管理。在地势平坦、园面积较大的地块，栽植穴既要“纵成行、横成样、斜成线”，又要力求南北成行，以充分利用光照；在地形复杂、坡面起伏、坡度较大的地块，布点要以水平线为行轴，充分考虑水土保持工程措施和土壤改良等丰产栽培措施能够顺利实施和开展。

（二）坚持高起点，把好整地关

李根系发达，主根强大，水平根分布广泛，宜生区、优生区生长发育的差距其实就是土壤、水肥条件高低的差距。土层深厚、土壤肥沃、结构疏松、墒情良好是李健壮生长、持续增产、丰产的基础和前提，栽前把好整地关是标准化建园的重要环节。

平地建园时，要选择地势较平，土层深厚肥沃，排灌条件良好，地下水位低的壤土或沙质壤土地块；山地建园时，为避免霜冻的侵袭，宜选背风向阳的山坡。

1.平地土壤改良　土地平整的土地，土壤改良是在防旱防涝的前提下，对栽植穴进行重点改良。改良的方法一种是挖通壕，一种是挖大坑。挖通壕即建园地株行距确定后，一般以南北为行开挖宽、深各1米的通壕，开挖通壕时应将表土与耕作层下的死土分开堆放；通壕开挖达到标准后，先将秸秆和农家肥分层回填，再将表土回填，最后回填死土并平整土地。挖大坑即根据布点位置，开挖长、宽各1米且深0.8米以上的大坑，挖坑时将表土与死土分开堆放，回填要求与挖通壕一致。有灌溉条件的地方将秸秆、肥料回填后灌一次水，待回填物充分沉淀后，随即进行栽植；无灌溉条件的地方，提倡雨季前进行挖坑和回填，雨季过后，回填物不仅能充分沉淀并腐熟，而且坑内墒情良好，能够避免新栽苗木“悬根”，促进苗木生长。

2.山坡、丘陵地土壤改良 李在南方主要分布在山区和丘陵地带，改变传统的建园整地习惯，以土壤改良和保土蓄水为核心，加大工程措施，确保水肥充足是建园前各项准备工作的重点。坡度达5°～15°的缓坡地，应先修梯田，再挖大坑改良土壤栽植，改良土壤应充分利用坡地上的杂草和腐殖土。干旱、半干旱地区应充分利用穴施水肥灌溉技术及覆草技术“增收节支”。

年降水量1 000毫米以上的湿润地区，整地应外高内低，或杆中高冠外低，最大可能减少根部积水，避免水涝发生。坡度在16°～25°的坡地，修坡地梯田工程量过大，或由于地形较为复杂无法修筑，可沿等高线先修鱼鳞坑，鱼鳞坑栽植，先改良土壤(要求同上)。此类地块栽植后应逐步进行扩盘保水、土壤改良工作，最后修成复式梯田或水平阶式李园。

（三）品种选择

选择品种时，应根据种植者的种植目的，种植地的交通条件、消费方式和需求量来确定鲜食或加工品种及规模，注意早、中、晚熟品种的合理搭配。交通方便的地区，以发展鲜食品种为主；交通不便的山区，以发展贮运性较好的品种为主。我国南方地区建议以发展鲜食品种为主，鲜食品种要求果大核小，外形美观，味甜少酸，清香爽口，较耐贮运，丰产性强。

中国李的多数品种自花结实率很低，应配置授粉树。鉴于目前李品种良好的授粉组合尚不清楚，最好选择花期相近的多品种混栽，以增加授粉机会和提高产量。品种组合可采用：棕李和芙蓉李，澳得罗达和黑宝石，艳红李和澳得罗达，小核李和盖县大李，澳得罗达和黑宝石。由于李花期较早，低温阴雨天气影响昆虫传粉活动，故配置授粉品种一般不能少于20%。

（四）把好苗木质量关，确保良种壮苗

目前南方李都是采用嫁接苗栽植，嫁接是手段，品种化栽植、丰产化栽培才是目的。由于当前各地对嫁接苗生产经营还未建立起有效的资质认证和市场准入机制，管理滞后再加之大部分群众还不具备对李优良品种苗木的识别能力，李苗木市场混乱带来盲目发展的问题不容忽视。由于嫁接苗培育是一个技术性和系统性较强的工作，牵扯到采穗园建立、人员培训、砧木培育、接后管理等内容，建议以村或户为单位的建园应在考察的基础上，从一定资质和可靠度的机构或单位调运、购买苗木。购买苗木要掌握苗木等级的相关知识，坚持等外苗木不入地。外购苗木，要严格履行检疫手续，运输中要注意防止风吹、日晒、冻害以及防霉和保湿。无论是就地掘苗还是外购苗木，均应进行品种核对，苗木分级及打捆清数。当时不栽的苗木应按要求进行根系消毒并及时假植。

（五）建园栽植、抢墒适时

李建园栽植核心目的是提高成活率和保存率，关键是为新植苗木成活、保存创造有利的环境和条件，栽植要求是“栽实苗正、根系舒展”，栽植标准是成活率达95%以上、保存率达90%以上，栽植方法是“三埋两踩一提苗”。“三埋、两踩、一提苗”是指第1次埋土、提苗后再对回填土进行踩实；第2次、第3次先埋后踩，主要目的是通过分层、分次回填并踏踩，使定植苗木根系舒展且与土壤结合紧密。悬根漏气和窝苗是当前影响李栽植成活及栽后正常生长发育的主要问题。悬根的原因是回填时没有做到分层回填、分层踩实，使空气通过土坑空隙蒸发苗木根系水份，造成漏气伤苗；窝苗主要原因是栽植时害怕根系失水，使苗木根痕比地面低5厘米以上，由于根系太深致使呼吸困难，通气性差，使栽后苗木成活率较高，但生长缓慢、发育不良。

栽植方法及步骤

第2节　栽　植

一、栽植前准备

（一）定点挖穴

在平整土地或修筑好水土保持工程之后，按预定的栽植设计，测量出果树的栽植点，并按点挖定植穴。挖穴时可用人工挖掘或挖坑机挖掘，穴深和直径为0.8 ～ 1.0米。密植果园可不挖穴而挖栽植沟，沟深与沟宽常为0.8 ～ 1.0米，无论挖穴或挖沟，都应将表土与心土分开堆放，有机肥与表土混合后再行植树。山地与丘陵地果园土层浅薄，母岩距土表较浅的地区，可采用炸药放“闷炮”的形式定点或定线爆破。

栽植穴或沟应于栽植前一段时间挖好，使心土有一定的时间熟化。在母质为泥岩的地区，挖穴或爆破之后，成土母质需要一段时间才能物理风化成土，促进果园土层加厚与熟化。下层有卵石层或黏土层、白干层的土壤，必须先行客土再栽树，否则，根系发育受限易导致树势变弱。总之，在条件较差的地区应挖大坑，结合改土后进行苗木栽植，以利根系的生长；而在土壤肥沃的地区应适当减小定植穴。地下水位高或低湿地果园，不宜先挖栽植穴，应在改善全园排水的前提下再挖定植沟，沟底应沿排水系统的水流走向设置比降，以防栽植沟内积水。

定植穴内每株施入优质有机肥20 ～ 30千克，外加磷肥0.5 ～ 1千克混合，并与表土拌匀作为基肥，放入定植穴底部。

（二）苗木准备

自育或购入的苗木，均应于栽植前进行品种核对、登记、挂牌，发现差错应及时纠正，以免造成品种混杂和栽植混乱，还应进行苗木质量检查与分级。经长途运输的苗木失水多，应浸泡根系一昼夜，使根系充分吸水后再行栽植或假植。

（三）肥料准备

为了改良土壤应将大量优质有机肥运到果园，可按每株用量100 ~ 200千克，每667米^{2}用量5 ~ 10吨进行准备。

二、栽植时期

栽植时期应视当地的气候条件与树种而异。落叶果树多在落叶后至萌芽前栽植，栽植时间应选在11 ~ 12月落叶后进行。近几年来，采用营养钵大苗进行移栽，生长效果较好，能早期成园。

三、栽植密度

合理密植，可增加单位面积上的叶片数量与总叶面积，最大程度地利用光能，提高单位面积产量；增加单位面积上的根量，扩大根系吸收土壤养分的体积；可以较早地实行控冠促花措施，提高早期产量；果树树冠相应减少，缩短了根和叶、果间距离，便于水分、养分运输；减少风害、冻害及日灼；容易弥补缺株，园相比较整齐；有利于果树生长发育，并便于树体管理。

李属小乔木类果树，可以适当密植，一般山区土质瘠薄处行株距4米 ×（3 ~ 3.5）米，每667米^{2}种48 ~ 55株；平地土层深厚，肥水条件较好的情况下，可采用（4 ~ 5）米 ×4米，每667米^{2}种33 ~ 42株。

四、栽植方法

一般采用常规露砧栽植，平原地或水稻田因地下水位高，常采用高垄深栽法，即深埋（10厘米左右）嫁接口，以诱发接穗品种自生根，增加耐渍能力。栽苗时要将根系舒展开，苗木扶正，嫁接口朝迎风方向，边填土边向上提苗、踏实，使根系与土壤充分密接，栽植深度以嫁接口与地面相平，栽植后即浇水封埯。栽后定干，高度在50 ~ 60厘米。

第3节　袋装直移式大苗栽培

袋装直移式大苗栽培的优点：一是直接结果，前期的营养生长在育苗地完成，定植时就有了基本的树形结构，可直接进入结果期，缩短了种植户的管理时间，能提前收获见效。二是成活率高，常规果苗在出圃挖掘过程中，根系都会受到损伤，需要缓苗重新萌发新根，缓苗时间较长，受伤较重的苗成活率低，而在袋装容器中先培育小苗，苗木根系基本在容器中生长，定植时不会破坏苗木根系团，栽后能继续生长，无缓苗期，成活率很高，大苗栽植后幼树生长快，比普通苗要提早进入丰产期。三是四季可定植，突破了李苗种植的季节限制，可以实现随时种植。四是保证了生产园品种一致，实施袋装容器育苗技术，可在苗木生长期间观察识别出品种，如在袋装容器中培育2 ～ 3年再出圃移栽到生产园，那么在袋装容器中李苗就能形成花芽，开花结果，就能看出品种的优劣；同时大苗移栽，能使生产园的树保持大小基本一致，提高了果园的整齐度。五是有利于老果园的更新改造，袋装直移式大苗栽培根系发达，苗木幼树比普通苗生长快，树势生长健壮，可有效抵抗在老果园中种植的重茬病。

一、苗圃地的准备

袋装容器苗地应选在交通便利的平地或缓坡，要求土质疏松，排水良好，附近最好有充足水源，以保证李苗生长用水，苗圃地的大小可根据需要培植袋装直移式大苗的数量而定。先翻耕好苗圃地，然后挖开宽约50厘米、深约20厘米的袋装容器放置沟，沟底土质要疏松，以便袋装内苗木根系穿透袋后能在土中良好生长。每条沟间距约1.5米，两条沟之间作为生产操作道，每两条沟旁要挖排水沟，以便管理苗木（图5-1）。

图5-1　袋装容器苗地

二、袋装容器的选择

要选择成本低，透水透气性好，能让水分、养分自由渗透，不会有根腐现象，最好是能降解材料做成的容器。通过杭州市临安区农林技术推广中心多年的试验，在生产中推广的美植袋（图5-2）做容器培育李大苗，因植株从小苗开始可以直接栽植入袋，不需假植，不需换土换盆。这种材料具有很好的透水性、透气性，并能有效地控制植株根系的生长。与塑料和陶瓷花盆不同的是，移植到美植袋里的植物，根系向外生长时，接触到美植袋后会贯穿袋面，并被环状剥皮，以致袋外的根不会长粗，并且能够促进袋内形成众多细根，不会发生盘根。美植袋内外的根系都能自如地输送水分及养分，袋内根系也不会出现腐烂现象。由于不需要断根移植，80%以上根系可随袋移植，所以树木移植后生长发育快，树木移栽成活率大大提高。在实际生产培育中，可选择袋的形状有方形或圆形，尺寸为边长（直径）40厘米、高50厘米。袋底剪5 ~ 6个直径2厘米左右的孔，以便漏水。

图5-2　无纺布式袋装容器

三、袋装营养土的准备

因袋装大苗的培育，一般是李苗要在袋内生长2 ~ 3年，所以袋内要有足够的营养，为降低成本，可自制营养土作为栽培基质，自制营养土的要求是其理化性状良好（保水、保肥、重量轻、通透性好），并且不带病菌、虫卵和杂草种子，南方可用当地资源丰富的香灰土或田园表土，加充分腐熟后的农家肥，再加过磷酸钙和硫酸钾，营养土配比为香灰土或田园表土：农家肥（羊粪或鸡粪）＝0.5：1.0，每立方米土加5千克过磷酸钙、2千克硫酸钾，经充分捣碎混合配制成栽培基质。有条件的可采用商品育苗基质加腐熟后的农家肥（羊粪或鸡粪），每立方米再加入2千克硫酸钾，充分拌匀制成栽培基质（图5-3），商品育苗基质与腐熟后的农家肥（羊粪或鸡粪）的配比为1：1，配制成的栽培基质pH应为5.5 ～ 6.0。

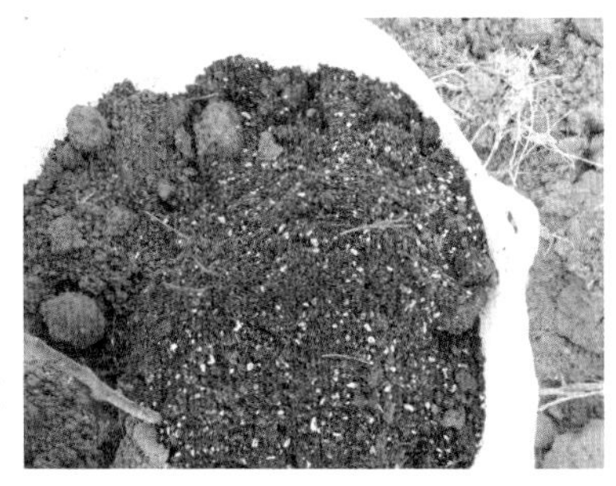

图5-3　商品化栽培基质

四、基质装袋与放置

将准备好的营养土放入袋装容器内，装到袋内约35厘米，然后将袋装容器放在苗圃地的放置沟中，每只袋装容器间隔距离30厘米。

五、苗木移栽

袋装容器中种植的苗木，可用嫁接体、芽苗（也称半成品苗）或1 ～ 2年生嫁接小苗，但要选择苗干粗壮、根系发达、芽体饱满、无多头、无病虫害、色泽正常、木质化程度好的壮苗进行培养，最好是选择二年生嫁接苗，虽然增加了苗木成本，但可缩短袋装容器苗的栽培年限，降低总成本。袋装容器中种植小苗的时间一般在2月至3月上旬，把苗木垂直放入装有35厘米左右的袋装容器中心，然后倒入自制好的营养土，苗木的嫁接口要露在营养土外，轻轻压实苗木根部周围的营养土，最后将营养土加至距袋口5厘米左右。苗木种植完成后，随即浇透水，再用沟两边的泥将容器半埋于土壤中，当袋中的栽培基质因浇水后下沉或减少了要及时补给到位（图5-4）。

图5-4　苗木移栽

第 4 节　授粉树的选择与配置

南方栽培的李树绝大多数品种自花结实率低或不结实，有些李树即使能自花结实，结果率也很低。还有些李树品种，在某些地区能够自花结实，而在另外一些地区却不能自花结实，可见外界条件也会影响自花结实。在栽培基地中，经常遇到这样的现象，有些李园因品种单一，产量较低或不稳，原因可能是这些李园内没有授粉树、授粉树配置不够或配置不合理。实践证明，在南方建立李园，必须配置一定数量的授粉品种，从而达到大幅提高李果实的产量的目的。授粉品种可选择1 ～ 3个进行配置，授粉品种与主栽品种的比例以1：（4 ～ 8）为宜。授粉树作用的发挥依距离而定，一般与主栽品种越近授粉效果越佳。根据对果树授粉媒介的研究，认为授粉树品种与主栽品种间的距离不应超过50 ～ 60米。

一、配置授粉树的要求

图5-5　李花

（1）选择的授粉树必须与主栽品种花期基本一致，花粉量大（图5-5），授粉亲和性好，并且能增进果实品质。

（2）要求授粉树与主要品种无杂交不孕现象。

（3）要求授粉树与主要品种的寿命长短相近，而且保证每年都要开花，无明显大小年现象。

（4）为了方便管理，授粉树最好选用品质好、经济价值较高的品种，而且二者成熟期相同或者先后衔接。

二、授粉树在果园中配置的方式

对建在地势平缓处的小型李园，常用中心式栽植方法，即保证1株授粉树周围栽植6 ~ 8株主要品种；对规模型李园，应当按果园的长边方向以行列式整行栽植。每隔3 ~ 7行主栽品种栽1行授粉树。在生长环境不佳的情况下，如花期常有大风出现的地方以及海拔较高、湿度较大的山区，授粉树种植数量就要适当增加，间隔行数要缩小；而在生长环境较为适宜的地方，授粉树就可适当减少，间隔行数可以适当多些。对建在有一定坡度的山地或梯田山坡，可按梯田行的间隔3 ~ 4行栽植1行授粉品种(图5-6)。

图5-6 李授粉品种

在种植时确定什么品种作为主栽品种，选择什么品种作为授粉品种，主栽品种与授粉品种的定位要根据种植地的适宜情况、效益情况、消费情况等而定，当授粉品种与主栽品种经济价值相同，又适宜栽种时，在同一基地中可采取等量式配置方式，否则授粉树的配置种植数量要少于与主栽品种的种植数量。常见李树主栽品种与授粉品种的相互搭配见表5-1。

表5-1 常见李树主栽品种与授粉品种搭配

主栽品种	授粉品种
黑宝石	安哥诺、卡特利娜、幸运李、青榛、盖县大李等
黑琥珀	玫瑰皇后、皇家宝石、威克逊、天目蜜李等
皇家宝石	黑琥珀、玫瑰皇后、黑宝石、桃形李等
盖县大李	红美丽、大石早生、蜜思李、天目蜜李等
嵊州桃形李	天目蜜李、盖县大李、黑琥珀等

三、授粉技术

（一）蜜蜂授粉

李树花量较多，在正常的情况下，露地栽培不需要人工授粉或人工放养蜜蜂授粉，但设施栽培提前了李树的物候期，在李树开花时外界温度可能还较低，露地李树花还未开放，人工授粉工作量很大，这就需要在棚内饲养蜜蜂进行授粉（图5-7）。花期时，可在李园内养蜜蜂，每公顷2 500 ～ 4 500头。虽然设施栽培采用人工放养蜜蜂进行授粉，能使果实端正，提高设施栽培的产量，但大棚内蜜蜂授粉也需要掌握一定的技术和要求。

图5-7　蜜蜂为李花授粉

蜜蜂是变温昆虫，它需要在一定的温度范围内才能正常活动，环境温度的高低变化会影响蜜蜂的活动，超过一定的温度范围生命活动将受到抑制，甚至引起死亡，水和其他气象因素对蜜蜂的生命活动也会发生显著作用。气候的好坏是影响蜜蜂授粉效果的主要因素，当棚内温度低于8℃时，蜜蜂基本不活动，低于10℃或高于40℃几乎不进行授粉；在适宜的温度中如遇阴雨天或多云，蜜蜂的飞行次数明显减少，温暖晴朗的天气蜜蜂工作效率最高。另外，棚内温湿度对花的开放和花粉的萌发也有较大影响，如果棚内温度过高，空气干燥，花的柱头也干燥，花粉落在柱头上萌发困难；而湿度过大，花粉不易散开，不利于蜜蜂授粉。

采用蜜蜂对李树进行授粉，蜂种的选择与蜂群配置也很重要。早春对大棚栽培的李树授粉，最好是用凹唇壁蜂，但它是商品蜂，价格较贵，生产上一般选用的是中华蜜蜂（土蜜蜂）或意大利蜜蜂。一桶(箱)3万～4万只蜜蜂（图5-8），可对面积300米^{2}的大棚李树进行授粉，把蜂箱放入大棚前要做好四个方面的准备：

（1）蜂群要达到满箱，以提高授粉效率。

（2）要求蜂箱内有大量的幼蜂和封盖子，进棚前必须尽量脱掉老蜂。

图5-8　授粉蜂箱

（3）要保证蜂箱内始终有足够的粉蜜，并在巢前设置喂水器，以利于正常繁殖幼蜂。

（4）要提前2～3天于晚间将蜂箱放置在大棚内，蜂箱要放置在大棚的干燥处，离地高度60～80厘米，以免湿度大侵袭蜂箱。蜂箱进入大棚后不要马上开启蜂门，应使蜜蜂适应环境，在第二天的上午再开启1条只能1只蜜蜂出去的小缝，这样出去的蜜蜂不会飞得很远，且会重新认巢，熟悉新环境。

李树的花蜜含糖量在10%～60%，是果树中花蜜含糖量较高的树种，所以可在大棚内初花期就放入蜜蜂，蜜蜂往往在开始放入时工作较好，以后对花蜜采访次数明显减少，因此放入蜜蜂迟就有可能影响产量。前期放入蜂箱，会因低温和蜜源少而影响蜜蜂工作，这就需要人工饲养，方法是用开水溶入同等重量的白砂糖，待糖水冷却到25℃左右，倒入预先放有花朵的容器中，密封浸渍5个小时，然后进行喂饲，第一次喂饲最好在晚上进行，第二天早晨蜜蜂出巢前再喂1次，以后每天清晨饲喂1次，每桶蜜蜂每次喂150克糖水。

温馨提示

在蜜蜂授粉期间不要对李树喷施农药，如必须喷药防治，应在喷药的前一天晚上关闭巢门，用黑布罩住蜂箱，第二天再喷药，并尽量使用生物农药或对蜜蜂危害较轻的农药。

（二）人工辅助授粉

人工辅助授粉除可提高坐果率外，还有利于果实增大和端正果形。人工授粉可以促使受精良好，尽快促进子房的发育并促进激素的合成，增加幼果在树体营养分配中的竞争力，使果实发育快且单果重增加。

李树开花较早，在开花期间易遇上不良气候条件影响授粉受精，宜采取人工授粉。人工授粉提高坐果率效果优于其他措施。人工授粉方法如下：

（1）花粉采集。在早晨9时以前进行，选择即将开放的呈铃铛状的花，从花柄处采摘拿回。先取两张干净报纸，平摊地下或桌上，掰开花瓣，用手摘或用牙刷将其花药刷到报纸上。

（2）晾花药。将刷下来的花药，放到干燥、通风处摊晾。如遇阴冷天气，可放到电热台板上或者红外线灯下加温、烘干。温度控制为20 ~ 25℃。

（3）筛花粉及贮藏。将晾干的花药，用细筛过筛，或过筛前用豆浆机磨碎1 ~ 2分钟。筛下的花粉装入干净瓶中贮藏备用。常温（25℃）下可贮存1周，或通过0 ~ 5℃冷藏可保持花粉活力30 ~ 40天。将准备好的花粉倒出少量，装入干净的小瓶中。在雌花开放时，待露（雨）水干后即可授粉。早上7 ~ 10时、下午4 ~ 7时授粉为宜，下雨天不能授粉。

（4）具体授粉操作技术。授粉时一手拿花粉瓶，一手拿授粉笔，轻蘸花粉后，对雌蕊柱头轻轻对接点授即可。一般蘸取一次花粉可点授5 ~ 7朵花。

值得指出的是，李树的花粉生活力较低，贮藏期远远短于梨等果树，贮藏时应注意温度和湿度的控制。如果花粉仅需贮藏1个月左右，可将其置于0 ~ 5℃条件下，湿度不加以控制即可。据研究，在1 ~ 2℃低温干燥条件下，李花粉可贮藏3 ~ 4个月。

第5节　土壤肥水管理

施肥技术

一、果树需肥规律

果树有其特殊的生理特性和生长发育规律，决定了其对养分的需要与普通大田作物有显著不同。果树的养分需求特点主要表现在：

（一）果树根系发达，吸水吸肥能力强，对当季肥料的利用率低

大多数果树的根系深度远超过大田作物。如葡萄根系一般集中在30～60厘米，深的可达1～2米。而一般大田作物根系分布在土表20厘米以内。根系发达，分布区域广，增强了果树对深层土壤营养的利用能力，但同时也会在一定程度上降低对当季施用肥料的利用率。因此，在果园进行土壤样品采集时要根据果树的根系分布状况来决定采样的方法和部位。

（二）果树在不同发育时期和生长季节对养分的需求不同

果树栽培经历生长、结果、衰老三个不同阶段。幼树阶段以营养生长为主，主要完成根系和树冠骨架的发育，以氮、磷、钾肥营养为主。结果期以生殖生长为主，为保证产量和质量，对钾的需求量逐步提高，磷和氮可维持钾的半量。盛果期容易出现微量元素缺乏症，应注意适时补充。衰老期主要是营养生长逐渐减弱，为了延缓其衰退，应结合树体更新增施氮肥，促进营养生长的恢复，以延长经济寿命。果树在不同生长季节对养分的需求不同，果树在一个生长周期的发育中，前期以氮为主，中后期以钾为主，磷的吸收在整个生长季比较平稳。前期开花坐果、幼果发育和生长需要大量的氮，至6月中旬新梢生长达到高峰，氮的吸收量也达到高峰。此后进入花芽分化和果实膨大期，钾的需要量增加，并在果实迅速膨大期达到高峰。不同时期对于肥料的种类需求也不同，如花期对氮需求量大，幼果膨大期对钾需求量大，花芽分化期对磷的需求量大。

（三）营养在果树体内有累积效应

果树本身的营养状况是其长期生长发育过程中养分积累变化的结果，作物当年吸收到的养分可以储存在树干或其他部位，在以后的生长过程中转化释放，具有一定养分存储性，树干是储存养分的重要部位。因此，果树营养状况的变化是土壤养分和施肥等外界条件长期作用的结果，而大田作物自身的养分累积有限，土壤养分状况在其生长发育中起到决定性作用，这是大田作物和果树营养特点的差异之一。

（四）果树对营养元素之间的平衡比一般大田作物敏感

施肥时不仅要求各元素的配比要合理，而且某种元素施用过量还会造成另一种元素的缺乏，如施用过多钾肥时，果树会产生缺镁症。另外，对水果施肥的相关研究中显示，各营养元素之间的比值常作为养分是否平衡的评价指标。

（五）降低化学肥料的负面作用

随着人们生活水平的提高，对水果产品品质的要求也越来越高，因此在水果生产中，不仅要考虑高产，更要关注品质的提高，包括外观、营养成分、适口性、耐储性等。同时，还要考虑环境风险问题，降低肥料特别是化学肥料的负面作用。

二、果树配方施肥技术

（一）果树肥料品种的选择

目前使用的有机肥以畜禽排泄物为主，以及作物秸秆、人粪尿、饼肥、草木灰等有机肥源，还有商品有机肥、有机生物肥等。目前大量应用的化肥有尿素、三元复混(合)肥、硫酸钾、氯化钾、碳酸氢铵、过磷酸钙、钙镁磷肥等，微量元素肥料主要有硼砂、磷酸二氢钾、硫酸锌、硫酸镁、硫酸亚铁及商品叶面微肥等。

（二）果树配方施肥模式

1.肥料效应函数法　通过田间试验，将试验结果产量与相应的施肥量进行回归分析，经过计算生成肥料效应函数，依据这个函数计算各种肥料的最高施肥量、最佳施肥量和最大利润率施肥量。多元肥料试验，可建立施肥量与产量之间的函数关系，还可计算出肥料间的最佳配比组合。

2.树木营养诊断法　通过不同的果树林相，结合土壤营养和障碍诊断等判断果树的营养状况是处于缺乏、适当还是过剩的状态，从而为合理施肥提供依据，达到不断提高果树产量和改进品质的目的。树木营养诊断法除了参考果树的林相长势外，还要参考土壤养分和植株养分的分析化验指标。土壤养分状况对于确定果园土壤中影响作物产量的主要障碍因素和诊断果树缺素症状方面有重大意义，植株营养分析可以判定果树生长对于养分的需求状况，以此来进行施肥推荐。

3.果园配方施肥原则

（1）*平衡施肥原则*。果园施肥应以土壤养分状况分析为依据，以“缺什么补什么，缺多少补多少”进行平衡施肥，同时土壤养分状况处于动态变化之中，必须对基地土壤进行定期检测分析，不断调整施肥方案，才能取得最佳效果。

（2）*以有机肥为主，有机无机相结合的原则*。充分利用商品有机肥，以及作物秸秆、杂草等采用堆放腐熟、沼气发酵等无害化技术处理后进行利用；推广果园套种套养、果园生草技术，增加土壤有机质，改善土壤结构，提高土壤保水保肥能力。主要营养元素按比例施用、适当调整微量元素营养，实现平衡施肥，土壤酸性过强的可通过施生石灰加以调节。

（3）*以施基肥为主，追肥为辅的原则*。依据不同果树的需肥特点，根据各水果基地的土壤养分现状，采取基肥为主、追肥为辅的施肥方法。基肥宜秋施，追肥以坐果肥、膨果肥、采后肥为重点，分期分批施入肥料。施肥方法上可采取放射状、环状、条状沟施，施后覆土，以提高施肥效果，并结合病虫害防治，喷施叶面微肥，补充微量元素。

三、施肥种类

（一）基肥

基肥是能较长时期供给李树多种养分的肥料，一般以迟效性农家肥为主，如堆肥、厩肥、作物秸秆、绿肥、落叶等。可在基肥中加入适量速效氮肥，以满足李树早春发芽、开花时所需要的大量氮素。基肥秋施为好，秋季土温较高，当年能使施入的农家肥充分腐熟。同时，秋季根系又有1次生长高峰，伤根容易愈合，并能生长新根继续吸收营养。冬春施基肥对李树早春萌芽、生长的作用较小。

（二）追肥

根据李树各物候期需肥的特点，生长季节分期施用一定量的速效肥。李树追肥时间一般分以下几个时期：

1. 花前追肥　以满足李树萌芽、开花期需要的大量营养，可在李树萌芽前10天左右，追施速效性氮肥。

2. 花后追肥　此时正值幼果、新梢同时进入生长高峰，为避免互相争肥，应及时追施速效性氮肥、磷肥、钾肥，以减少生理落果，提高坐果率，促进幼果、新梢同时生长。

3. 果实膨大和花芽分化期追肥　在生理落果后至果实进入快速膨大期前，追施氮肥、磷肥、钾肥，可大大提高光合效能，促进树体养分的积累，既利于果实膨大，又利于花芽分化。

4. 果实生长后期追肥　在果实开始着色至采收期间追肥。此次以磷钾肥为主，速效氮肥结合喷药做叶面喷肥为好，以免促使秋后生长而影响树体营养积累。这次肥对树体生长、果实品质及翌年产量都极为重要。

四、施肥方法

（一）土壤施肥方法

1. 环状沟施　指在树冠外围稍远处挖环状施肥沟进行施肥（图

5-9、图5-10）。该方法操作简单，用肥经济，但易切断根系且施肥范围小。一般多在幼树施肥时采用。

2.放射状沟施　指以树干为中心，在树盘1/2处为起点向外开挖6～8条放射状施肥沟进行施肥（图5-11）。沟长应超过树冠外围，里浅外深。该法比环状沟施肥伤根少，但挖沟时应避开大根，并注意隔年更换放射状沟位置，以扩大施肥范围。

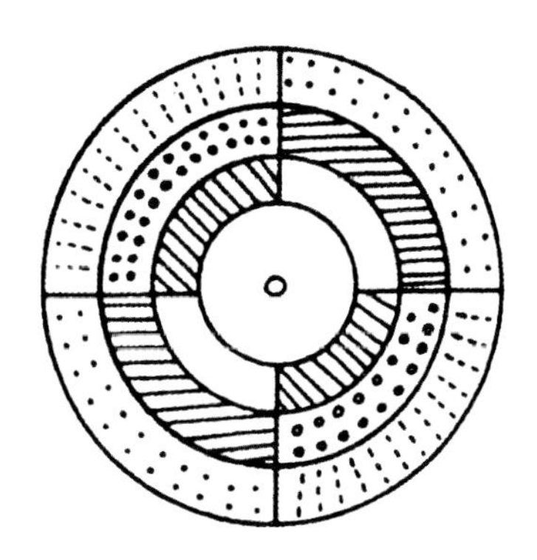

图5-9　对称环状沟施肥法示意

图5-10　环状沟施

3.全园撒施　指直接将肥料均匀撒入园内，再翻入土中，深度一般为20～30厘米。该法适用于成年树或密植果园施肥。

4.灌溉式施肥　指结合灌溉如喷灌等形式进行施肥的方法。它具有养分供应及时、均匀、不伤根等优点。

（二）根外施肥方法

图5-11　放射状沟施肥法示意

根外施肥又称叶面施肥，指直接将肥料喷施于叶片表面的施肥方法。采用叶面喷施时特别要注意肥料的浓度。叶面喷施最适宜的温度18～25℃，湿度较大时效果较好。生长季节应选傍晚（下午4时以后）或早晨露水未干时（上午10时以前）进行，并注意对叶片背面进行喷施，以利于吸收并防止肥害。

五、施肥时间

施肥是在树体营养需求时期，人为采取的技术措施，满足树体生长需求。要抓住李树年生长发育周期中对高产、稳产、优质的关键时期及时施用。一年中，以开花坐果、果实膨大、花芽分化、树体恢复、秋季积累营养进入休眠较为关键。

（一）花前肥

大地回春之后，李树萌动生长，开花坐果，幼果膨大，需要消耗大量养分，但是所消耗的营养主要是前年秋季积累的，当时根系所吸收的营养十分有限。因此，花前肥不宜施用太多，占全年的10%左右，以速效肥为主。

（二）壮果肥（又称硬核肥）

5月上旬，果核硬化，即将转入第三期果实生长期，同时花芽生理分化也在这一时期准备营养物质。所以这一时期是直接影响当年产量和翌年花量的关键时期，壮果肥要作为全年主要的施肥季节给予安排，施肥量应占全年的40%，多采用速效肥，有机肥要提前发酵后施用。

（三）采果肥

应在果实采收结束后及时施用，有利于树势恢复，促进枝梢生长健壮和花芽分化，为第二年生长打下基础。以速效肥为主，施肥量占总施肥量的10%左右；不能过多，否则会促进枝梢二次生长。

（四）基肥

8—9月，正常李树还未落叶，仍然继续制造营养。根据报道，芙蓉李花芽分化期从7月至12月中旬，8—9月是形态分化盛期，需要大量营养，因此该时期施肥量应占全年施肥量的50%，并且要以有机肥为主，搭配一定的速效肥。

李较耐瘠薄土壤，氮肥过多易导致枝条徒长，影响产量。基肥在8—9月施入，以农家肥为主，可混加少量化肥。幼树每株施腐熟农家肥20千克左右，结果树每亩施腐熟农家肥1 500千克左右。幼树追肥薄肥勤施，以氮肥为主，促进树体生长；结果树前期以氮肥为主，后期以磷钾肥为主（图5-12）。

图5-12　施基肥后生长良好的李园

整形修剪方法

第6节　树体管理（整形修剪）

整形修剪是果树栽培管理中的一项重要技术措施。它对调节果树生长发育、提早结果、增加产量、提高果实品质、减少用工、实行机械化操作等方面均有重要作用。

一、整形修剪方法

李树的整形修剪方法包括短截、缩剪、疏剪、长放、拉技、刻伤、除萌、疏梢、摘心和剪梢等多种方法，时间分为冬季修剪和夏季修剪，了解不同修剪方法及作用特点是正确选择修剪技术的前提。

（一）短截

短截亦称短剪，即剪去一年生枝的一部分。短截的种类可分为轻、中、重和极重等。轻短截一般指剪除部分不超过一年生枝长度的1/4；中短截多在梢中上饱满芽处剪截，剪掉枝长的1/3 ～ 1/2；重短截指在春梢中下部半饱满芽处剪截；极重短截在春梢基部留1 ～ 2个芽。短截反应随短截程度和剪口附近芽的质量不同而异。一般短截反应表现：对剪口下的芽有刺激作用，以剪口下第一芽受刺激作用最大，新梢生长势最强，离剪口越远影响越小；短截越重，局部刺激作用越强，萌发中长梢比例增加，短梢比例减少；极重短截时，有时发1 ～ 2个旺梢，也有的只发生中梢、短梢。短截对母枝有削弱作用，短截越重，削弱作用越大。

（二）缩剪

缩剪（图5-14）亦称回缩修剪，即剪去多年生枝的一部分。缩剪具有复壮作用，由于去掉了部分枝量，使留下的枝能得到更多的营养和水分供应，因而对母枝具有一定的复壮作用。因此，缩剪常用于结果枝组的更新复壮、弱枝复壮。

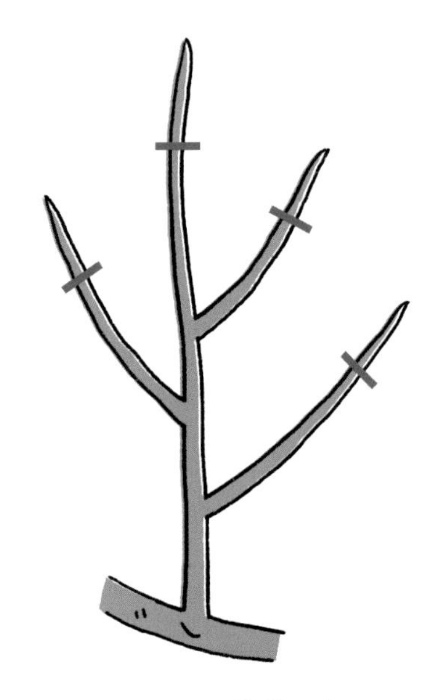

图5-14　缩剪示意

缩剪亦有改变枝条生长方向的作用，利于通风透光，对于辅养枝或骨干枝，欲改变原生长方向，减少分枝量，改善通风透光条件，可以在适宜部位回缩。

缩剪时，缩剪剪口下留强枝，伤口较小，缩剪适度，可促进剪口后部枝芽生长，过重则可抑制生长。缩剪的促进作用，常用于骨干枝、枝组或老树更新复壮；削弱作用常用于骨干枝之间势力调节均衡、控制或削弱辅养枝。

（三）疏剪

疏剪（图5-15）亦称疏删修剪，即将枝梢从基部疏除，主要用于疏除竞争枝、直立枝、重叠枝、交叉枝等。疏剪可以减少分枝，改善光照。另外，疏剪后减少了母枝上的枝量，对母枝的生长具有一定的削弱作用，也常用于调节骨干枝之间的平衡，强的多疏、弱的少疏或不疏。但如疏除的为花芽、结果枝或无效枝，反而可以增强整体和母枝的势力。

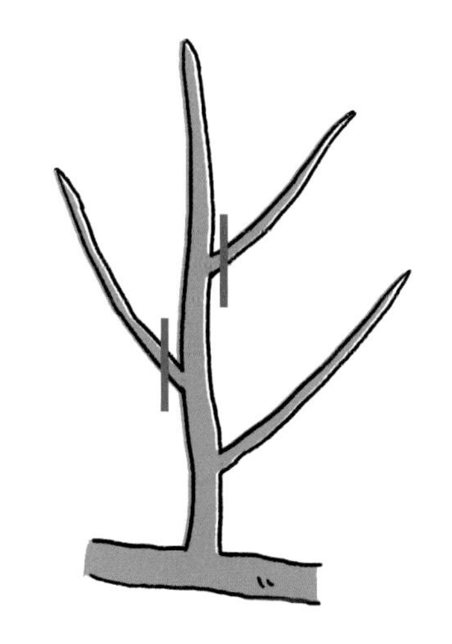

图5-15　疏剪示意

（四）长放

长放亦称甩放，即一年生长枝不剪。长放是目前修剪中应用较多的方法之一。长枝长放后，由于芽数多，枝量增加快，尤其是增加中、短枝数量。另外，如果中庸枝、斜生枝和水平枝长放，由于留芽数量多，易发生较多中、短枝，生长后期积累较多养分，能促进芽形成和结果。但如果是背上强壮直立枝长放，顶端优势强，母枝增粗快，易发生“树上长树”现象，因此不宜长放；如需长放，则必须配合扭枝和夏剪等措施控制生长势。修剪中对直立枝、竞争枝、徒长枝不能长放，而中庸枝、水平枝、斜生枝则可以长放。

（五）拉枝

要开张树体角度，对树枝可采用拉、撑、坠、拿、别等办法（图5-16）。这些方法作用相近，这里统称为拉枝，因李树多数品种的生长势强，枝条直立，容易造成树体内膛郁闭，不利于花芽形成，尤其是幼龄树，通过拉技能促使枝条形成花芽，提早结果。生产上通常对长放枝、生长位置较好、有一定粗度的直立枝、对树体形状和整形有利的枝条进行拉枝，拉枝时一边要在枝条合适的部位采用活结固定，另一边固定在地桩上，如为了加大枝角，拉好后枝条要呈45°向上，不能拉成弓箭形，如为了要使枝条形成花芽，可以将枝条拉平或下垂。

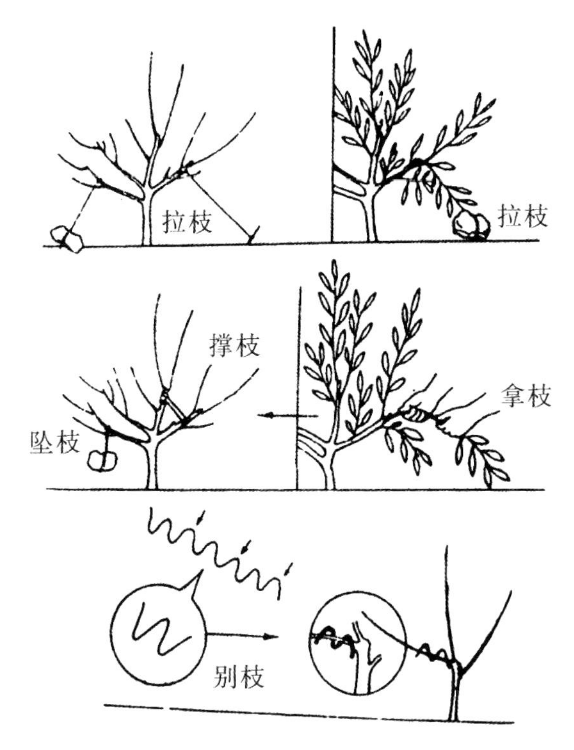

图5-16　加大枝角，开张树冠的主要方法

（六）刻伤

在芽、枝的上方或下方用刀横切皮层达木质部，称为刻伤。春季发芽前后在芽、枝的上方刻伤，可阻断顶端生长素向下运输，能促进切口下的芽、枝萌发和生长。

（七）除萌

芽萌发后抹除或剪去嫩芽称为除萌或抹芽，疏除过密新梢为疏梢。其作用是选优去劣，除密留稀，节约养分，改善光照，提高留用枝梢的质量。

（八）摘心和剪梢

摘心是摘除幼嫩的梢尖，剪梢包括剪除有部分成叶的幼梢。摘心和剪梢促进侧芽萌发和二次枝生长，增加分枝数。对一些直立枝、竞争枝长到15～20厘米时摘心，以后连续摘2～3次，可提高分枝级数，促进花芽形成，有利于提早结果。

二、整形修剪的树形种类

李树的生长习性因种类、品种不同而异。中国李树生长势较强，树形大，枝条比较开张，但在自然生长情况下分枝级次较少，主要枝数目较多；欧洲李树势旺盛，枝条直立性较强，树冠较密集；美洲李的树形较矮，主要枝数目较少，枝条开张角度大。根据李树的生长习性，目前生产上采用的主要树形有如下几种。

（一）3个主枝自然开心形

采用3个主枝自然开心形整形，指主枝在主干上错落着生，直线延伸，主枝两侧培养较壮侧枝，充分利用空间。此种树形树冠开心，光照好，容易获得优质果品。缺点是初期主枝数目少，早期产量低些。

定植当年离地面留40～50厘米定干，5月初，选匀称生长的3根新梢作为主枝，将其余新梢全部摘除。主枝生长50～60厘米时摘心，以促发副主枝在主枝上每隔25～30厘米反向抽发。7—8月采用拉枝引缚主枝开张角度，使枝基角呈50°～60°，树冠开心形依靠拉枝和以果压枝决定。定植1～2年，着重培养主枝，同时培养副主枝、侧枝等树骨架并保留主枝、侧枝上的所有短果枝。李树同桃树不同，长枝不结果，果实均着生在3～15厘米的短果枝和花束状结果枝上，所以修剪时应以长放、疏除过密枝为主，尽量少短截。李树第三年后，重点培养结果枝组，并实行轮换更新修剪，保证生长与结果平衡，并且在每年5—6月抹除抽发的背上直立枝、徒长枝，让主枝、副主枝、侧枝上形成的短枝通风透光，形成花芽，翌年开花结果。

3个主枝自然开心形树形：树高2～3米，主枝3～4个。主干高40～50厘米，错落着生3～4个主枝，每个主枝上有2～3个侧枝，在主枝和侧枝上着生结果枝组和结果枝，无中心干（图5-17）。

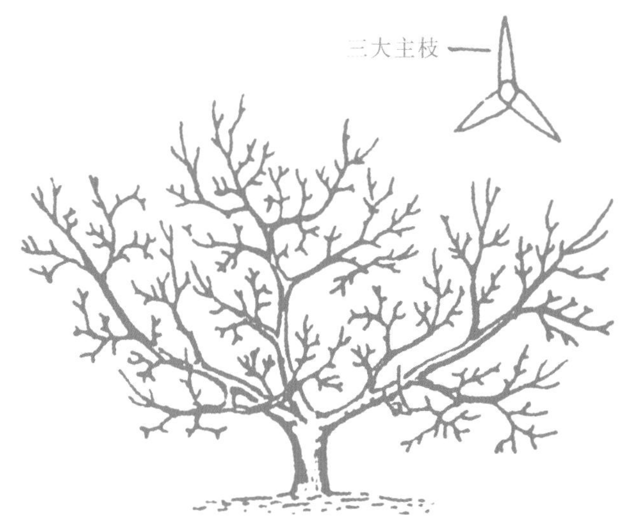

图5-17　3个主枝自然开心形

（二）4～6枝自然丛状开心形

整形时选留4～6个主枝，剪去下垂过密枝，并尽量利用副梢做主枝上的侧枝，每个主枝上留2～3个侧枝便可。但每年要剪去过密的枝条，使树体内膛通风透光，同时也要注意内膛空虚和结果枝上移。这种树形冠幅大，所以产量高（图5-18）。

图5-18　4～6枝自然丛状开心形

（三）主干疏层形

主干疏层形由自然形成的树形适当修剪而成，中心干上主枝不分层或分层不明显。一般分层形主枝5～7个，在中心干上分2～3层排列，一层3个，二层2～3个，三层1～2个，各层主枝间有较大的层间距，此形符合果树生长分层的特性。

主干高40～50厘米，第一层有3个主枝，每个主枝上有2个侧枝。第二层距第一层主枝70厘米，有1～2个主枝。第三层距第二层50～60厘米，留1个主枝，也可不留第三层。成形后，落头开心。

一般在定植当年，定干高度60 ~ 80厘米，翌年春季，选顶端生长势强的直立枝为中央领导干，再在主干上选3 ~ 4个角度好的枝条做第一层主枝，短截1/3左右，各主枝与主干呈50° ~ 60°，其他较直立枝可以疏去，中短枝应保留，作为结果枝。第三年春季修剪时，在上年选留的主枝上选角度开张的枝条做侧枝和延长枝，再在中心干上选2 ~ 3个主枝作为第二层，与第一层主枝错落开，两层间距50 ~ 60厘米，同时将中心干开心落头。其他枝条的修剪方法与自然开心形相同。经3 ~ 4年即可成形。

（四）细长纺锤形

细长纺锤形具有强壮的中央领导干，中心干上培养数个近水平主枝，无特定的排列方式、不分层。主枝细长，主枝上不留侧枝，主枝下长上短。本树形适合发枝量多、树冠开张、生长不旺的品种，修剪轻、结果早。修剪要求早期轻剪长放，早果性和丰产性好。

细长纺锤形一般树高2.5米左右，冠幅1.5米 × 2.0米，无主、侧枝。主干高50厘米，在中心干上直接着生8 ~ 12个枝组，下部枝组较长，上部较短，呈纺锤形（图5-19）。

图5-19　细长纺锤形

（五）V形

V形也称主枝开心形（图5-20）。一般南北向栽植，株行距（1.5 ~ 2）米 × 4米，干高30 ~ 40厘米，树高2.5 ~ 3米，每株留2个大主枝，向东西向伸展，两主枝夹角60°。V形树主枝左右弯曲延伸，主枝上不留侧枝，直接着生数个结果枝组，枝组间距一

图5-20　V形

般15 ~ 20厘米。该树形适于较高密度栽培，成形好，光照好，早期产量高，便于田间作业，是目前欧美国家推广应用的树形。

三、修剪时期及技术

李树的一生根据生长结果情况，可划分为幼树期、盛果期和衰老期3个阶段。在不同生长期的修剪方法各异。为提高修剪效果，除应重视冬季修剪外还应重视生长期修剪，尤其是对生长旺盛的幼树更为重要。

（一）幼年期树的修剪

从定植后到大量结果之前的时期，一般分为3 ~ 5年。这个时期的修剪任务主要是尽快扩大树冠，培养树体骨干结构（图5-21），尽快形成大量结果枝，为进入结果盛期、获得丰产做好准备。休眠期修剪，根据不同树形要求，对骨干枝延长枝进行适当短截修剪，有助于生长扩冠，疏除少量影响骨干枝生长的枝条。生长期修剪主要是控制过旺生长，促早开花结果，对骨干枝以外的直立枝或强旺枝，除过密枝将其疏除外，其余枝条应采用拉枝开张角度，通过摘心或环割进行控制，切忌短截修剪过重，刺激生长，延迟进入丰产期。

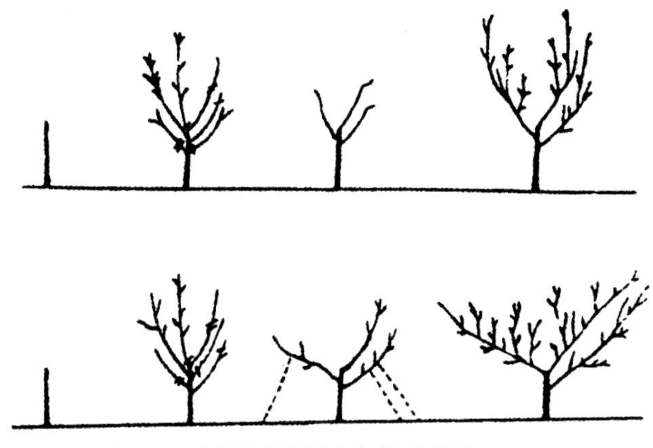

图5-21　树冠开张程度与树体发育

上：树冠不开张，内部空间小，光照差，结果迟，产量低
下：树冠早开张，内部空间大，光照足，结果早，产量高

（二）盛果期树的修剪

主要是调节生长与结果的关系，有碍骨干枝及影响光照的枝条要疏除或缩剪，注意通过修剪解决树冠内部光照，防止结果部位外移。李树的短果枝和花束状结果枝连续结果3 ～ 5年以后，结果能力明显下降，要及时轮流回缩更新或疏除。徒长枝有空间可利用者，采取控制其生长的办法促其转化为结果枝组结果，无用者疏除。骨干枝下垂者要回缩更新，抬高角度，使其保持健壮生长。疏除过密枝。以中、短果枝结果为主的欧洲李、美洲李，对其一年生营养枝应适当重剪。

盛果期树的修剪又分为休眠期修剪和生长期修剪。

1.休眠期修剪　休眠期修剪指落叶果树从秋冬落叶至春季萌芽前，或常绿果树从晚秋梢停长至春梢萌发前进行的修剪。由于休眠期修剪是在冬季进行，故又称冬季修剪。此时期修剪的目的是为培养骨干枝、调整树体结构、平衡树势、培养结果枝组、调整花芽和叶芽比例等。

2.生长期修剪　生长期修剪指春季萌芽后至落叶果树秋冬落叶前或常绿果树晚秋梢停长前进行的修剪，又分为春季修剪、夏季修剪和秋季修剪。

（1）春季修剪。春季修剪主要包括花前复剪、除萌抹芽和延迟修剪。花前复剪是在露蕾时，通过修剪调节花量，补充冬季修剪的不足。除萌抹芽是在芽萌后，除去枝干的萌蘖和过多的萌芽。为减少养分消耗，时间宜早进行。延迟修剪即休眠期不修剪，待春季萌芽后再修剪，此时贮藏养分已部分被萌动的芽消耗，一旦先端萌动的芽梢被剪去，顶端优势受到削弱，下部芽再重新萌动，生长推迟，因此能提高萌芽率和削弱树势。此法多用于生长过旺、萌芽率高、成枝强的品种。

（2）夏季修剪。夏季修剪是指新梢旺盛生长时期进行的修剪。此阶段树体各器官处于明显的动态变化之中，根据目的及时采用某种修剪方法，才能收到较好的调控效果。如为促进分枝，摘心和涂抹发枝素宜在新梢迅速生长期进行。夏季修剪的关键在于及时，夏季修剪对树生长抑制作用较大，因此修剪量要从轻。

（3）秋季修剪。秋季新梢即将要停止生长至落叶前进行的修剪为秋季修剪。以剪除过密大枝为主，此时树冠内枝条稀密容易判断，修剪程度较易掌握。由于带叶修剪，养分损失较大，翌年春季剪口反应比冬剪弱。因此，秋季修剪具有刺激作用小，能改善光照条件和提高内膛枝芽质量的作用。秋季修剪在幼树、旺树、郁闭的树上应用较多，其抑制作用弱于夏季修剪，但比冬季修剪强。

（三）衰老期树的修剪

李树寿命较桃长，中国李一般可达30～40年，美洲李寿命较短，寿命常为20～30年。当李树进入衰老期，主枝和侧枝先端衰弱或枯死，产量明显下降。修剪方面多采用回缩更新复壮的方法，促生壮旺枝，重短截生长枝，重新培养骨干枝和结果枝，延长结果期。

第7节　花果管理

花期管理

果实管理

李树生产的主要目的是获得优质、高产、安全的商品果实。李树除加强土肥水管理、合理整形修剪、及时防治病虫害外，为了提高坐果率和果实品质还应进行花果方面的科学管理。李树的花果管理主要指直接用于花和果实上的各项技术措施，包括生长期中的花、果管理技术，以及果实采后的商品化处理。

一、花期管理——提高坐果技术

（一）建立防风林

防风林可以减少花期寒风危害，增强蜜蜂活动能力和李树本身的受精能力，以提高坐果率。

（二）喷施生长调节剂和营养元素

在李树盛花期喷施30毫克/千克赤霉素溶液加300毫克/千克氯化稀土溶液加0.3%硼酸溶液或用0.3%硼酸加0.3%尿素溶液，均可显著提高李的坐果率。

（三）花期环剥

在花期对李树主干进行环剥，环剥宽度为主干直径1/10，坐果率达4.8%。花期环割两道的树体坐果率略有提高，但不明显。

（四）施用多效唑

李树新梢旺长期叶面喷施1 000毫升/升多效唑溶液，或于秋季土施0.5克/米^{2}多效唑，其花序坐果率分别为8.1%和7.9%，分别比不处理的对照坐果率提高了46.9%和45.57%。为生产有机李果实，可用烯效唑代替多效唑。

二、果实管理——提高果实品质技术

果实管理主要是为提高果实品质而采取的技术措施。

（一）肥料与果实品质

不同肥料种类和组合对李果实品质具有不同影响。凡是秋施腐熟有机肥，尤其是在果实膨大期再增施复合肥或钾肥，李果实的平均单果重、可溶性固形物含量、总糖含量均有较大提高，而总酸含量则较仅施化肥或不施肥的有所下降。因此，为了提高果实品质，必须注意施用有机肥，并注意配方施肥。

（二）疏果

在花量过大、坐果过多、树负载量过重时，正确运用疏花疏果技术，控制花果量，使树体合理负担，是调节大小年和提高果实品质的重要措施。树体留果量过多，对果实的个体发育影响很大，造成单果重降低，畸形果增多。李树生产上应按照合理负载量的指标留果，根据不同树种、品种和树势，达到合理的叶果比和枝果比，维持良好的营养生长和生殖生长平衡，旨在有足够的同化产物和矿质营养，满足果实发育。

李树一般结果偏多，为保证获得好品质的果实，应进行人工疏果。为了减轻疏果量，在结果较多的一年，于冬剪时疏去部分花芽，当年开花时剪去一部分花，花后20天，待果实如黄豆粒大时，一次疏果到位。

疏果标准根据果枝和果实大小而定。一般短果枝，小果型品种留1～2个果，中果和大果型品种留1果；中、长果枝，小果型品种间隔4～5厘米留1果，中果型品种间隔6～8厘米留1果，大果型品种间隔8～10厘米留1果。也有根据结果枝周径来确定留果量的，如北京的晚红李枝周径1.0～1.5厘米的，隔4～5厘米留1果；枝周径0.5～1.0厘米的，隔5～6厘米留1果。

（三）果实套袋

李坐果后，果实发育及着色期长，一般需要1.5个月，在此期间果实易受桃蛀螟、嘴壶夜蛾等害虫的危害，造成果体变形，果皮斑点，影响销售。李果实套袋后果表面光洁，外观美丽，商品率高，果实表面农药残留量大大降低。套袋必须结合定果进行。一般在第2次生理落果后，即于4月下旬至5月上旬果核开始硬化时进行。可采用双层纸袋，最好是外黄内黑的果品专用双层纸袋或日本小林袋。套袋时要选晴朗无风天气进行。套袋前准备围袋1个，将其围于腰间，用于放置果袋。套袋的李果实选定后，先撑开袋口，托起袋底，让两底角的通气放水口张开，使袋体膨起，再套上果实。一定要使果实套在袋的中间，封口要严，防止雨水和害虫进入袋内，然后用细线绑扎好果袋。先套树冠内、冠下的果实，随后套树冠外部、上部的果实。套袋前一定要喷2～3次农药。一般采收前15～20天摘除果袋。

第 6 章

李设施栽培技术

第 1 节　设施栽培的品种选择

一、避雨栽培的品种选择

选择避雨栽培主要是针对容易产生裂果、不抗细菌性病害的品种，同时也能使果实适当提前上市，主要有黑宝石、紫琥珀、皇家宝石等黑李系列及红心李等。

二、设施促成栽培的品种选择

李树设施栽培是在特定条件下，使李树在冬季生长、发育、开花、结果，因此，品种选择是高效设施栽培成功的关键。

三、品种选择原则

（1）选择需冷量低，自然休眠时间短，以7.2℃以下累计低温时数800小时以下的品种为佳。

（2）选择早中熟品种，果实生育期70 ～ 90天为宜，即露地栽培在7月上中旬成熟的品种。若选择成熟期太迟的品种，露地栽培品种已上市，设施促成栽培效果不显著。

（3）选择自花结实率高，树体矮化，树冠紧凑，适于密植，果形大，外观亮丽，品质优，结果早，丰产性好的品种。

（4）在设施内要搭配好授粉树，选择2 ～ 3个花期相同，成熟期接近的品种，以便相互授粉，增加产量。

（5）选择适合大棚保温栽培的品种：大石早生、美丽李、嵊州桃形李、槜李、天目蜜李、金塘李、美国大李、红美丽等。

李果苗类型见图6-1。

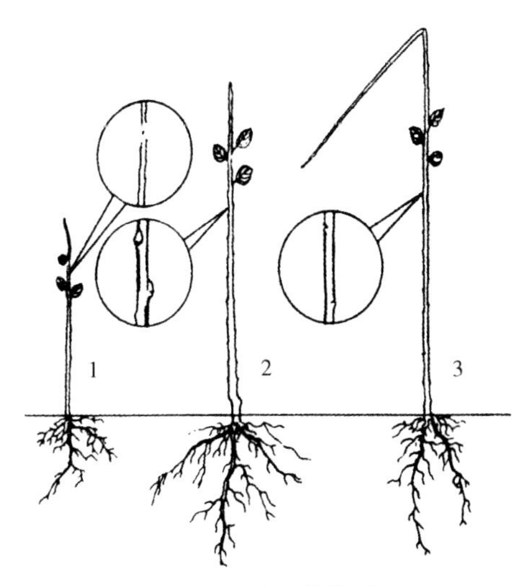

图6-1　李果苗类型
1.弱苗　2.壮苗　3.徒长苗

第2节　设施栽培园地选择与种植要求

一、园地选择与要求

采用设施栽培李树的立地条件虽然与露地栽培的没有严格差异，但对于集约化生产，一定要选择富含腐殖质的壤土或沙壤土，耕层要深，排灌水方便、背风向阳、保水性能强及土壤通透性好的地块（图6-2）。不要在重茬盐碱地和黏土地上建园，最好选择农田或地势平缓的旱地，如选择小于15°的坡地或坡改地的地方种植李树，这就要求园地比较规则，可提高搭建设施的利用率，减少土地的浪费；15°～25°的山坡地种植李树，要求先坡改梯，梯面为宽在3米以上的水平带，设施建设方面以选用避雨式为宜。在坡地和山地上建设施李园，必须阳光好，交通方便，土层要求深厚，有充足的水源且排灌水方便（图6-3）。如水源不充足，要建造蓄水池，蓄水池的蓄水容量要根据栽培李树的数量而定，可采用电力灌溉或无动力自流式灌溉，有条件的安装滴水灌溉。

图6-2　杭州市临安区某高山果园

图6-3　生草改良土壤

二、种植密度与种植要求

采用设施栽培李树，要考虑投入产出比，以及最大化利用设施，所以在种植密度上可适当比露地栽培密点儿，行间距4米×2米或3米×2米，以2行为1个设施单位，如设施用单体大棚或单体避雨棚，种植时要适当靠近2行的中间，放宽树干与棚壁的距离，如用连栋大棚或连体避雨棚，可种植在每行的中间。设施栽培李树因密度较大，所以基肥（有机肥）要放充足，在种植前，根据所搭建设施的要求，设计好种植李树苗木和设施安装位置，以4米为1行，在4米的中央挖好宽50厘米、深40厘米的种植沟，然后回土10厘米左右，种植沟内每亩施入4 000千克以上腐烂后的农家有机肥，再加适量磷钾肥混匀填入，离地面10厘米左右时再填底土，防止肥料烧根，水渗下后1 ～ 2天覆土起垄。在农田或地势平缓、地下水位较高的地方，再在行的两边挖深50厘米以上的排水沟；在地下水位低、排水方便的地方可挖40厘米的排水沟，把挖排水沟的泥放置到种植沟内，然后把行做成畦面（垄），畦面呈高龟背形（高垄型），畦面的高点与沟底高度最好能在60厘米以上，李树苗木种植龟背高点（种植沟区域的位置），苗木适当浅栽，栽后灌水。在坡改梯上，可能有的梯面只有3米左右，则种植沟应适当靠近梯壁，以便树体大了之后人可沿梯壁行走并进行生产操作（图6-4）。

图6-4　根据立地条件合理设置栽培密度
（杭州市临安区某果园，栽培密度4米×4米）

第 3 节　设施建设

实践证明，南方地区李树的设施栽培可根据品种不同、要求不同、生产目的不同，而采用不同的设施栽培方式，常用的设施栽培为促成早熟栽培（大棚保温栽培）、避雨保护栽培。如想既能避免花期冻害，减轻病害的发生，又能让果实提早成熟上市，可用大棚保温（生长结果初期采用封闭式）栽培，但建设成本相对较高。对开花较迟，基本不会发生花期冻害的品种，主要目的是减轻裂果和细菌性溃疡病的发生，可用避雨保护栽培，避雨设施与大棚设施相比成本低，但不管选用什么类型的设施，都必须具有经受强风以及其他自然灾害侵袭的能力。

李园可先建设设施再种植，这样能有效预防幼树感染病害，也可先种植或进入结果前再建设。

一、单体避雨棚

栽植李树的单体避雨棚采用8厘米×10厘米以上的水泥柱或4寸[①]以上钢管做立柱，柱立在靠沟的畦面上，立柱长度2.7米，其中埋入地下50～60厘米，并用水泥浇注牢固，地面上的高度为2米以上，行向的立柱之间距离2.5～3米，立柱顶上用2寸以上钢管连接，并固定在立柱上，对向的立柱顶上用较粗的钢绞线拉住或用钢管连接，行向的钢管上每隔60～70厘米放置拱管，最好是用1根8米宽的拱管，如没有这么宽的拱管，可用2根拱管用棚管接头拼接成8米宽的拱管，拱管的两头用固定夹圈（夹箍）固定在钢管上，拱管的高点到畦面的高度在3.5米左右（棚高）；在沿着行向的钢管上1米处两边都用卡槽固定在拱管上，卡槽与卡槽间用管槽固定器连接，这样就完成了避雨棚的搭建。薄膜固定卡见图6-5。

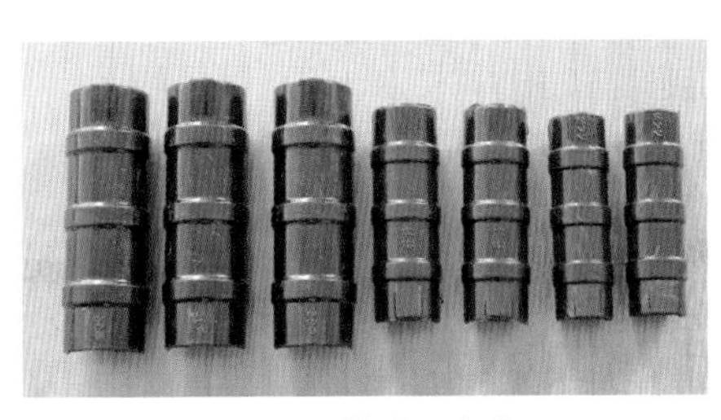

图6-5　薄膜固定卡

①寸，1寸≈3.33厘米。——编者注

二、单体大棚

栽植李树的单体大棚与蔬菜大棚虽形式上相同，但其结构却不尽一致。李树大棚比蔬菜大棚要高，因为树高一般在2米左右，而且树冠之上距棚面还应有1米左右的空间，便于人工授粉、喷药、疏果、采收等操作。因此单体大棚建设，可在避雨棚的基础上进行改建（图6-6），首先在两边立柱顶的钢管上放好摇膜杆，以便开启薄膜，大棚通风除湿。然后因立柱之间有2.5米距离，没有办法进行围膜，所以要在立柱间再加塞2～3根直立柱，材料可就地取材，也可用细一点的水泥柱或钢管，直立柱的下端埋入泥中，上端抵在行钢管的下面，直立柱最好与立柱的外面在同一个水平面上，在每一根的直立柱旁边埋设好地钩（螺旋柱），用于绑缚压膜线，然后在立柱和直立柱上每隔1米固定一条卡槽（图6-7），卡槽与卡槽间用管槽固定器连接；大棚的两端都要做好棚门，材料可选用大棚蔬菜上用的棚门组合。单体大棚的长度应控制在50～80米，这样有利于通风和生产管理。在风力较大的地方搭建单体避雨棚或大棚，每根立柱上都要用斜拉线进行加固，斜拉线的一端要绑缚“十”字形钢筋或大石头深埋于地下，并用石子、水泥浇注牢固。

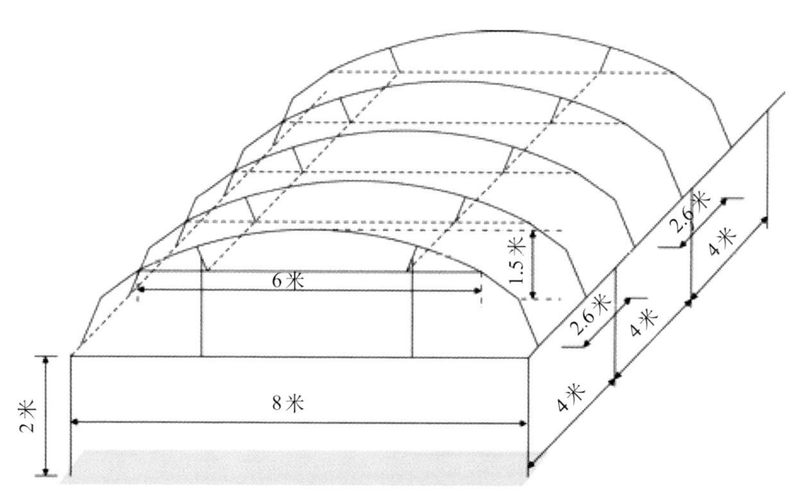

图6-6　防雨棚示意

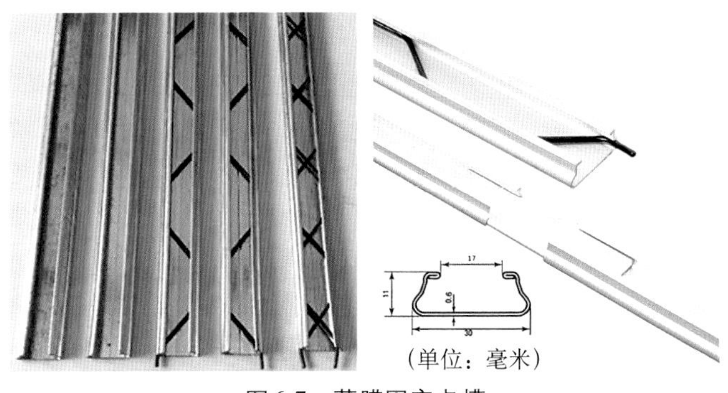

图6-7 薄膜固定卡槽

三、自制式连栋棚建设

自制式连栋避雨棚和连栋大棚（图6-8），可在自制式单体的基础上加以改进，基本搭建与单体棚一样，可看成是多个单体棚的组合，主要是解决两个棚连接处雨水的渗漏、压膜线的绑缚、通风等问题。做法：在单体的基础上利用一边立柱上的行钢管放置拱管，再根据棚的长度，将钢管（也可用其他材料）拼接成与棚一样的长度，然后在这根钢管上每隔60厘米，焊接1个U形钩，用于绑缚压膜线，并把这根带钩的钢管固定在公用这边立柱上的两边拱管上，距立柱上的行钢管高度10～20厘米，然后再根据公用立柱上两边拱管的斜度设计好U形或V形的排水槽，排水槽可用塑料或白铁皮做成，槽高5～10厘米，位于U形钩的下面。连栋棚可看成是多个单体棚的组合，为了便于通风，在单体棚的两边都要设置摇膜杆（图6-9）。

图6-8 李设施连栋大棚

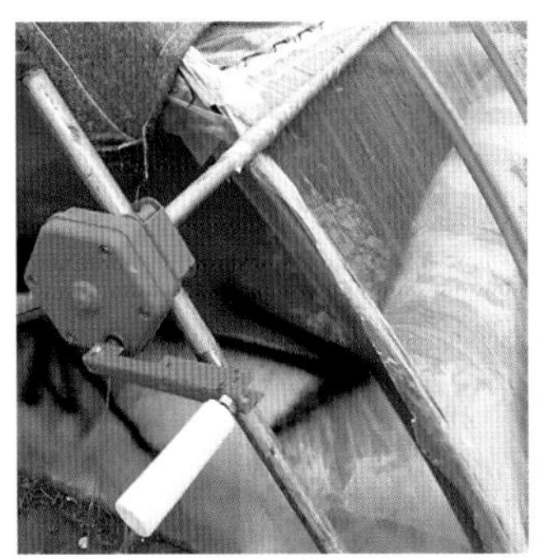

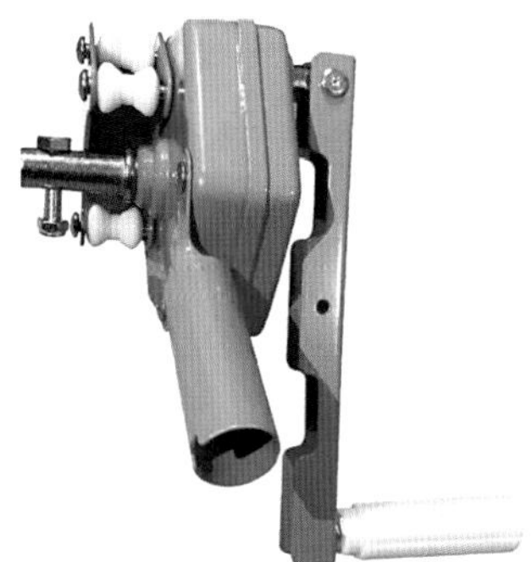

图6-9　手动式摇膜杆

四、整体式钢架连栋大棚建设（标准型）

整体式钢架连栋大棚的搭建，对使用的材料要求较高，投资成本较大。可选择的型号为连栋钢架大棚GLP-622（不带外遮阳），其基本配置和参数为单栋跨度6米，顶拱管外径≥22毫米，壁厚≥1.2毫米，间距0.6米，连栋数量不超过10个；或用连栋钢架大棚GLP-832（不带外遮阳），其基本配置和参数为单栋跨度8米，顶拱管外径≥32毫米，壁厚≥1.5毫米，间距0.8米，连栋数量不超过10个。

设施栽培采用的材料，管材和卡具等金属件要求热浸镀锌防腐蚀处理，镀锌层厚度0.07毫米以上，使用寿命（耐腐蚀时间）大于10年。

自制式连栋大棚或整体式钢架连栋大棚的密封性能良好，在阳光充足的条件下，尤其是夏天，棚内温度上升很快、温度很高，李树的生长会受抑制，甚至灼伤叶片和枝干；同时随着温度的升高，湿度也迅速增加，极易引起生理障碍，影响李树生长发育。因此，一定要有其他通风换气设备，如排气孔、换气窗等，可根据需要随时调节棚内湿度（图6-10）。

图6-10　连栋大棚换气设备

五、盖膜时间及用膜要求

因李树是落叶果树，落叶后进入休眠期，在休眠时要有一定时间的需冷量，完成李树芽形态的形成、分化，以及芽体中养分的积累，如果低温时间太短，就会造成李树花芽形成少、质量差、开花不齐的情况。南方有些地区冬季温度较高，低温时间较短，一些需冷量大的品种就不能种植，种植后也会花量少或只开花不结果。需冷量大的品种就更不能用设施栽培了。李树大棚栽培，一般不设置加温设备，且不能长年覆盖薄膜或冬季很早覆盖薄膜。李树是先开花后长叶，不同品种盖膜时间也有所不同，栽培早熟品种且准备提早上市，可在花芽萌动前覆盖薄膜和围膜进行保温；若为单体大棚和自制式连栋棚，可在采果后，卷起顶膜（图6-11），放下围膜，一方面使树体裸露在自然环境中，以促进枝条发育充实，另一方面避免大棚被大风吹倒。为防止撤除覆盖材料后，因外界环境变化引起树体不适，应选择在阴天撤膜，以降低棚内外温差和对树体生长的影响。整体式钢架连栋大棚，可在采果或落叶后，打开顶膜和围膜，保持通风透光，降低棚内温度。栽培的是中晚熟品种且目的是避雨防病的可在开花后期、叶展开前进行覆盖顶膜，不需要盖围膜。落叶后卷起顶膜，放下围膜，使树体自然生长。单体大棚、避雨棚和自制式连栋的顶膜材料要选择透光性高、保温性强、不滴水、耐用性好的聚乙烯薄膜，一般可选用EVA棚膜、PVC无滴防老化膜或PE多功能复合膜，厚度0.12 ～ 0.15毫米，围膜用PVC无滴防老化膜，厚度0.08 ～ 0.10毫米。

图6-11　电动卷膜器（左）和卷膜通风（右）

六、聚乙烯大棚膜的连接与破损修补粘接方法

（一）剂粘法

用聚氨酯粘胶剂修补，有时也可用烧热的小钢锯条烫扎。

（二）泥浆粘补法

大棚膜在使用过程中如出现刮坏、吹皱等小破损，可剪取一块聚乙烯膜，粘上泥浆水贴在破损处即可。

（三）热粘法

先准备一根平直光滑的木条作为垫板，钉上细铁窗纱，并将其固定在长板凳上，为防止烙合时伤及塑料，要用刨子将木条的侧楞削成较圆滑的平面。把要粘接的两幅薄膜的各一个边缘对合在木条上，相互重叠4～5厘米。由3～4人同时操作，由2人分别在木条两旁负责“对缝”，第3人则在已对好缝的薄膜处放1条宽8～10厘米、长1.2～1.5米的牛皮纸或旧报纸条，盖好后用已预热的电熨斗顺木条一端，凭经验用适当的压力，慢慢地推向另一端。所用电熨斗的热度、向下的压力，以及推进的速度都应以纸下的两幅薄膜受热后有一定程度的软化并粘在一起为度，然后将纸条揭下，将粘好的一段薄膜拉向木条的另一端，再重复地粘接下一段，循环往复，直到把薄膜接到所需的长度。其中粘接薄膜时要掌握好电熨斗的温度，适温为100～110℃，温度低了粘不牢，以后易出现裂缝；温度过高，易使薄膜熔化，在接缝处会出现孔洞或薄膜变薄。所用的压力和电熨斗的移动速度要与温度配合好，温度高时用的压力要小，移动速度要快；温度低时用的压力大，移动速度减慢。当所垫的纸条上出现油渍状斑痕时，说明温度过高，塑料已熔化，此时不能马上将纸条取下，应冷却一会儿，当纸条不烫手时再取，这样可以更好地保证粘接质量。烙合旧薄膜时，应将接合部的薄膜擦干净，而且应以报纸轻度地与薄膜粘连在一起为粘接适度的标准，否则接缝易开裂。

第 4 节　设施栽培技术

李树的大棚设施栽培在树体整形修剪、肥水管理、病虫害防治方面，基本与露地常规栽培一致，但在温度和湿度、开花授粉方面的管理与露地栽培有较大差别。李树的大棚设施栽培能否取得良好效益，重点在于能否调控好棚内的温湿度，要根据李树开花、生长较适温度进行调控，白天温度高时要及时进行揭膜通风，晚上温度低时要于傍晚提早盖膜保温（图6-12）。因李树大棚栽培后比露地提早开花，大部分品种又需异花授粉才能结果性好，又因为李花是虫媒花，需要昆虫帮助授粉，这时若大棚盖膜就会影响自然授粉，所以大棚栽培李树在花期需要进行放养蜜蜂授粉或人工授粉。

图6-12　设施栽培李树长势

一、设施盖膜时间

李树设施促成栽培的盖膜扣棚时间，要根据该品种的需冷量（低温积累时间）和当地测定的日平均气温在7.2℃以下的低温时数决定，因为李树生长结果需要有一段低温休眠期，必须满足其休眠时间，李树的花芽分化才能完全，开花才能正常且整齐。当满足了李树的需冷量，就可以打破自然休眠期，盖膜扣棚升温。

二、大棚的温湿度管理

（一）开花期

覆膜后，大棚温度会迅速提高，李树在适宜的温度下便提早发芽和开花。因李花的花粉在5℃时即可发芽生长，棚温高反而不利于花粉的发育和授粉（温度高，花的柱头易干燥，花粉的活性时间短）。因此，在花期棚内最低温度应保持在7～8℃，白天棚内最高温度不能超过25℃，为了促进授粉受精，以18～22℃为好。同时棚内土壤要保持适宜的水分，不要等到表土干燥以后再浇水，湿度应控制在50%～60%，湿度大时要注意通风，避免发霉。为了提高坐果率，可以进行人工辅助授粉和放养蜜蜂授粉。

（二）果实膨大期

幼果发育期棚内白天温度要求20～25℃，夜间温度10～15℃。此阶段李树对水分要求比较严格，灌水过多土壤过湿，容易引起根系障碍，一次灌水相当于15～20毫米的降水量即可。灌水后要适时浅耕，防止土壤板结，保持根系通透性良好。

（三）设施内温湿度管理

从开花至开花后1个月是关键，扣棚后棚内白天温度会上升很快，如果昼夜温差过大（20℃以上），持续时间又长，会影响坐果率，造成畸形果和突尖果多，果实内部产生空腔；棚内温度持续较高（白天28℃以上、晚上15℃以上），会使果实发育加快，生长发育不充分，养分积累少，果实变小，品质变差。因此，白天温度高时要及时通风降温，傍晚要及时盖膜做好保温，如果遇到春寒，或连续低温阴雨，必要时辅助加温。从花期至果实膨大期，棚内温湿度最好始终保持在李花开放和果实生长的最佳温湿度，使整个时期在适温低湿状态，具体为白天温度22～25℃、夜间10～15℃、空气相对湿度50%～60%（图6-13、图6-14）。

图6-13　数字显示温湿度计

图6-14　大棚温湿度计

（四）后期管理

这个阶段新梢生长比较旺盛，对于生长强旺的枝梢应全部除掉，以保证树膛内部光照，促进果实着色。这时应合理调控棚内温度，昼夜温差越大果实着色越好。此阶段应打开天窗降低夜温。白天温度仍维持在15～28℃，一定不要超过30℃，并保持土壤具有一定湿度（表6-1）。

表6-1　李树大棚栽培适宜温湿度管理

生育期	温度（℃）		空气相对湿度（%）	主要管理措施
	最高	最低		
萌芽前	20	2	80	品种满足需冷量后，即可扣棚保温、石硫合剂清园
萌芽期	25	2	70	施速溶性复合肥
始花期	25	5	60	疏花，通风换气，降低棚内湿度
盛花期	22	5	60	忌高温多湿，人工授粉可放蜂
落花期	25	8	60	施硼砂保花保果，防病治虫
生理落果期	25	10	60	第一次疏果
新梢生长期	26	10	60	第二次疏果，套袋，摘心，疏枝，施钾肥，防病治虫
硬核期	28	12	60	灌水，通风换气，降低棚内温度
果实膨大期	28	12	60	防病治虫
果实着色期	30	15	50	控制水分，铺反光膜提高着色度
成熟期	32	15	50	卷起大棚围膜，用防虫网覆盖
采收后				去掉薄膜，重施有机肥，回缩修剪，疏枝，防病治虫

三、二氧化碳供给

二氧化碳是绿色植物进行光合作用必需的主要原料，是绿色植物本身制造有机物、提供树体营养的必要条件。大棚内空气因棚膜的经常关闭，与外界交流不通畅，棚内的二氧化碳会因光合作用而减少，从而影响果树的生长、发育、结果。因此，在李树的设施栽培中要用人工的办法及时补充二氧化碳。试验证明，人为地补充二氧化碳，能促进李树生长健壮、叶色浓绿、芽体饱满、花芽分化好、抗病性强，且能提高果实品质，其增产效果显著。这一技术目前已在果树的设施栽培中被推广，生产中人为补充二氧化碳的方法如下。

（一）悬挂二氧化碳发生器

该方法见效快，效果好。人工制造二氧化碳的简单方法是在稀硫酸中加入碳酸氢铵经化学反应产生二氧化碳，理论上产生1千克二氧化碳，需要5千克稀硫酸（25%）与2千克碳酸氢铵反应。根据这一原理，经多次试验，在李树的设施栽培中，二氧化碳发生器的放置密度为每40米^{2}放置1个时，效果最为理想。在实际生产中，一般按李树行间距4米×2米或3米×2米的种植密度，可在每两行（8米左右）的中间，每隔5米悬挂1个二氧化碳发生器（图6-15），悬挂位置略高于李树即可。二氧化碳发生器的发生装置可用防酸腐蚀的塑料桶或木桶等做容器，桶内先装已配制好的2千克稀硫酸，每天上午日出后1～2小时在桶内加碳酸氢铵100克，可连加8天左右，发现无气泡发生，说明稀硫酸已反应完毕，应将残液倒掉，重新加入稀硫酸。注意稀硫酸的配制浓度为浓硫酸:水=1∶3，配制时切记要将浓硫酸慢慢倒入水中，切勿倒错，否则易造成水沸腾而灼伤人的皮肤，同时配制时要做好自身的保护措施，穿好防护服，戴好口罩和橡胶手套，防止浓硫酸挥发刺伤咽喉和眼睛或不小心接触烧伤身体。阴天、雪天禁止使用，以免浓度过高引起

图6-15　大棚二氧化碳发生器

肥害，加入碳酸氢铵后2小时内尽量不要进风。

（二）施固体二氧化碳肥

该方法使用方便，土施后1周开始释放二氧化碳，肥效长达90天，一般在李树展叶前5天施入，每亩施固体二氧化碳肥40 ~ 50千克，可在树冠的滴水处下方，开10 ~ 15厘米深的环状沟或放射沟施入，施后覆土。

通风换气。在李树的设施栽培过程中，当李树展叶后，在气象条件允许时，要经常打开通风口进行换气，通过室内外空气对流交换，使室内二氧化碳得以补充。一般在上午9时至下午3时进行，温度上升至28℃以上开始通风，温度18℃以下要关闭通风口。

第 7 章 水肥一体化技术

水肥一体化技术是一项针对作物根部对水肥的需求，将可溶性固体或液体肥料，配成肥液兑入灌溉水中，通过可控管道系统供水、供肥，定时、定量、均匀地进行灌溉施肥的农业新技术。

第 1 节　水肥一体化技术的优势

该技术具有省水省肥、减轻劳动强度、促进果树生长的优势，更能提高水肥利用率，降低生产成本，提高果园经济效益。具体如下：

一、省水省肥

由于果园采用水肥一体化技术能将水、肥融合，将水肥直接输送到果树的根域土壤，定点、定量、均匀地施入果树根际吸收部位。因此，该技术的应用在很大程度上减少了水肥在土壤中的输送距离，提高了水肥的利用率。特别是干旱年份，效果非常明显。据华南农业大学张承林教授研究，它比常规的灌水施肥省水60%～70%、省肥50%～70%。

二、省工省力

果园采用水肥一体化技术，与常规灌溉施肥方法相比，可以直接减少施肥和追肥的劳动强度、缩短灌溉施肥时间，且适当增加追肥次数，还能适时追肥，使养分供应更加符合作物生长的需要。采用水肥一体化技术能在几个小时内将上百亩果园的灌水和施肥问题同时解决，而且只需1个人将闸阀打开即可，省工、省力、省时，节省工时费90%以上。

三、促进果树生长

水肥一体化技术能加快根系吸收速度，有利于果树在恶劣的气候条件下保持旺盛生长，促进果树提早结果。有研究表明，通过水肥一体化技术种植的葡萄幼苗长势快，要比采用常规灌溉施肥方法的葡萄提前结果，且可显著提高翌年葡萄的挂果率。通过滴灌施肥系统对香蕉树进行灌溉和施肥，能明显提高香蕉生物干重，增加一级根数量和二级根的表面积，增大香蕉果指长、果指围径，增加产量29.37%。

四、提升果实品质

果树地上部分长势和根系生长密切相关。根系可吸收地上部分树体生长所需要的各种营养。而果园的树体营养水平直接影响到挂果数量和果实大小。水肥一体化技术可有效调控营养生长和生殖生长的平衡点，使树体挂果数量和果实大小达到最佳值，从而获得最佳的经济效益。据相关试验表明，对脐橙树使用水肥一体化技术种植，可以促进果实增大，果实横径比常规灌溉施肥方法增长0.75厘米，且裂果率比常规减少3.8%。此外，使用水肥一体化技术，可以减少杂草丛生和病虫害滋生，减少除草投入和病虫防治成本，提高果实品质，增加效益。

五、降低投入、增加产出

果园使用水肥一体化技术，安装滴灌系统，每亩需一次性投入设备成本1 000 ~ 1 200元，一般设备使用寿命为5 ~ 10年，每亩果园每年节省用水60% ~ 70%，节省劳动力投入300元以上，节省肥料、农药投入700元以上，增效30%以上。盛产期果园，实施水肥一体化技术管理，每年节支增效1 200元以上，当年就可以收回投资成本，是节本增效的最佳选择。

第2节　技术要点

一、设施设备

根据当地实际情况系统规划、设计和建设水肥一体化设备（图7-1)。该体系由以下部分组成：抽水设备、配肥池、加压设备、肥液搅拌器、恒压控制装置、加压设备与肥液输送主管连接件、肥液输送主管、肥液输送支管、硬管与软管转换连接开关、耐高压软管、不锈钢施肥枪。

图7-1　水肥一体化设备

二、肥料选择

1. 溶解度要高　适合水肥一体化的肥料要在田间温度及常温下能够完全溶解于水中。溶解度高的肥料沉淀少，不易堵塞管道和出水口（图7-2）。

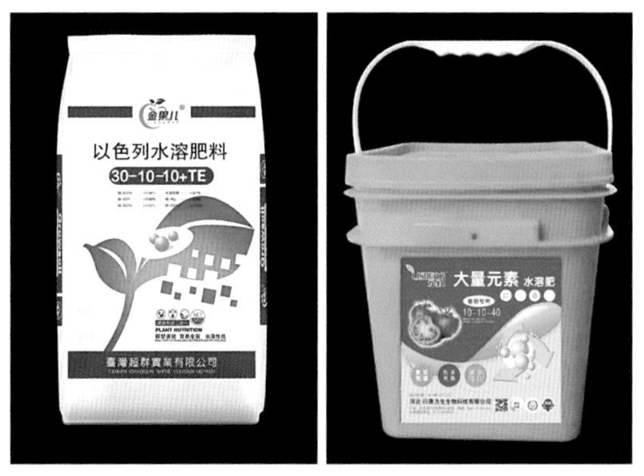

图7-2　水溶肥

2. 养分含量较高　选择的肥料养分含量要较高，如果肥料中养分含量较低，肥料用量就要增加，可能造成溶液中离子浓度过高，易发生堵塞现象。

3.相容性要好 由于水肥一体化灌溉肥料大部分是通过微灌系统随水施肥。如果肥料混合后产生沉淀物，就会堵塞微灌管道和出水口，缩短设备使用年限。

4.对灌溉水影响较少 在选择肥料品种时要考虑灌溉水质、pH、电导率和灌溉水的可溶盐含量等，当灌溉水的硬度较大时，应采用酸性肥料，如磷肥选用磷酸或磷酸二氢铵。

5.对灌溉设备的腐蚀性要小 水肥一体化的肥料要通过灌溉设备来使用，而有些肥料与灌溉设备接触时。易腐蚀灌溉设备。应根据灌溉设备材质选择腐蚀性较小的肥料。镀锌铁设备不宜选硫酸铵、硝酸铵、磷酸及硝酸钙。青铜或黄铜设备不宜选磷酸氢二铵、硫酸铵、硝酸铵等。不锈钢或铝质设备适宜大部分肥料。

三、水肥管理

根据果树需水肥规律、土壤墒情、根系分布、土壤性状、设施条件和技术措施，制定技术标准。将果树总灌溉水量和施肥量在不同的生育阶段分配，制定灌溉施肥标准，包括基肥与追肥比例以及不同生育期灌溉施肥的次数、时间、灌水量和施肥量等。满足果树不同生育期水分和养分需要。在生产过程中应根据天气情况、土壤墒情、作物长势等，充分发挥水肥一体化技术优势。适当增加追肥总量和次数，实现少量多次，提高水肥利用率。果树因品种、树龄不同，施肥点距树干的距离应控制在0.3 ~ 0.8米为宜。

四、施肥步骤

将施肥所需的硬件有序连接，并进行试车，确保工作正常。将果树生长发育所需的大量元素、中量元素或微量元素溶解于配肥池中。先启动电机风机（在控制箱内），再启动电机；当电机正常运转后，打开各级肥液控制开关。利用耐高压的不锈钢施肥枪将肥液直接注射到果树吸收根集中分布区；当日施肥工作结束时，用清水将3缸活塞泵、肥液搅拌器、肥液输送管道、不锈钢施肥枪清洗5 ~ 10分钟后关闭动力设备。

第 3 节 推广建议

一、加快微灌施肥技术服务网络建设

水肥一体化高效节水灌溉技术是一项农业、水利、农机、生物等多种技术紧密结合，水、土、作物资源综合开发的宏大系统工程。其应用关键是如何制定出全面合理的水肥一体化技术对策，避免技术相互脱节和重复建设，使这一技术在生产中发挥最大效益。建议通过系统的、有组织的相关技术培训，培养一大批灌溉施肥的专业技术人员，建立一支专业技术骨干队伍，为农民提供技术服务，能做到及时给予农民技术指导、帮助解决应用中出现的问题。

二、深化灌溉施肥技术的研究

1. 加强设备质量研究改进　提高设备抗堵塞能力，使设备运行稳定、可靠、耐久。

2. 加强实用技术集成研究　规范灌溉施肥技术标准。对不同区域的灌溉施肥与栽培管理措施等环节进行规范，形成有广泛适应性的技术标准。

三、加大推广力度

灌溉水作为公共资源的前提下，农民节水的意识不强，看不到该技术的应用为社会带来的生态环境效益。灌溉施肥技术前期投入的市场风险也较大，致使一些农民对投入一次性节水灌溉设备积极性不高。部分农民认为节水是政府的事，水不花钱，有就浇，没有就不浇，还有靠天吃饭的传统思想。肥水一体化工程建设要把提高生产效益和提高水的利用率放在突出地位，把农民增收和农业节水节肥目标结合起来，便于人们接受。

第4节　水肥一体化主要模式

一、地面灌溉施肥

地面灌溉施肥是目前应用最为广泛的水肥一体化技术，近年来越来越多地应用于生产中。平整土地是提高地面灌溉技术和质量、缩短时间、提高效率的一项重要措施。同时，结合土地平整，进行田间工程改造，设计科学合理的畦沟尺寸和流量，可较大程度地提高灌水均匀度和效率（图7-3）。我国目前有98%以上的灌溉面积采用传统的地面灌溉技术，但此法容易造成肥水的浪费和环境污染。改传统的全面灌溉方式为局部灌溉，不仅能减少果园间土壤蒸发占农田总蒸发量的比例，提高水肥利用效率，而且可以较好地改善作物根域土壤的通透性，促进根系深扎，有利于利用深层土壤肥水储备，具有节水节肥和降低环境污染的作用。

图7-3　喷灌设备

二、滴灌施肥

滴灌是将具有一定压力的水，过滤后经管网和出水管道或滴头以水滴的形式缓慢而均匀地湿润地面的一种灌溉形式（图7-4）。据调查分析，在高产田和经济作物上肥料利用率仅为15%～20%，明显低于农田；过多的水分，容易导致病虫害蔓延，土壤还原性增强，有害微生物大量繁殖；过多的肥料，会导致30%的地下水硝酸盐含量明显超出饮用水标准，土壤酸化加重，引起土体次生盐渍化。而采用滴灌施肥，则可有效地规避以上问题。在盐碱地，滴灌可有效地稀释根域盐液，防止根域土壤的盐碱化，提高作物的抗逆性。在高温干旱地区，采用地面覆膜滴灌形式，能有效地减少地面蒸发和肥料流失，防止土壤沙化。因此，滴灌能为果树提供最适宜的土壤水分、养分和通气条件，促进果树生长发育，从而提高果品产量。滴灌的主要缺点是使用管材较多，成本较高，对过滤设备要求严格且不适宜冻结期间使用。

图7-4　地插式微喷60厘米地插杆（左）和地插框型折射喷头（右）

第5节　水肥一体化技术应用存在的问题

水肥一体化设备一次性投入成本高；对肥料的水溶性要求高，且这类肥料往往售价较高；要有比较好的过滤设备，保证输送管道的畅通；在使用高浓度肥液时，要控制好流量，防止浓度过高伤害作物根系。因此，要想大范围地推广和应用水肥一体化技术，应研发高性能、低成本的成套设备；开发水溶性好、成本低廉的肥料；研究总结不同果树水肥一体化施用技术。

第 8 章
幼龄李园套种套养技术

果园是一个既开放又相对独立的生态环境，在果园中除了以种植果树为主要目的外，还可以套种其他植物，也可以养鸡、养兔、养猪、养鱼等，既可以充分利用土地提高果园的总收益，又可以在一定程度上改善果园生态环境，减少土壤养分流失，抑制杂草生长。笔者结合多年实践和经验，在本章介绍了幼龄李园套种套养技术及相关注意事项。

第 1 节　李园套种

我国多地果农都有果园套种的传统。幼龄李园一般行距较宽，从栽植后到形成树冠需要3年以上甚至更久，挂果前期树冠也较小，果园空间较大，在这期间合理套种喜光的经济作物、中药材、绿肥等，可以显著减少水土流失、改善果园生态环境，而且还能为果农提供一定的经济收入、降低果园前期投入风险，有利于果业的可持续发展。

一、套种模式

李园套种模式有很多，常见模式有“李树+中药材”“李树+绿肥”“李树+蔬菜”“李树+瓜果”“李树+花卉苗木”“李树+食用菌”，混合模式有“李树+经济作物+绿肥”“李树+中药材+经济作物”等。

（一）中药材

果园合理套种中药材不但可以提高土壤肥力、改善园区环境，而且可以抑制杂草生长，起到生草覆盖的作用，同时中药材经济效益可观，可以实现以药养树双丰收。

1. 中药材的选择　中药材是经济价值较高的植物，李园套种时选择适宜的中药材种类非常重要。选择中药材时要根据药材和果园的实际情况，因地制宜，合理安排。中药材选择应遵循以下原则：

（1）应根据李树与中药材各自的生物学特性，组成合理的林药空间结构。栽植初期的李园尚未封行，可以选择较喜光、株型中等或较小、1～3年收获的中药材，如黄芪、地黄、黄芩、菊花、牛膝、板蓝根、决明等。随着树冠的扩大，果园阳光减少，可套栽细辛、天麻、半夏、灵芝、黄连、三七、天南星、魔芋、玉竹等喜阴湿环境的药材。李树接近成年时，行距内已形成较荫蔽的环境，透光率较低，可以选择天麻、三七等适宜阴凉、潮湿环境的中药材进行套种。

（2）选择套种的中药材品种一定要以浅根性为主。如果套种植物根系发达，则会影响幼龄树根系生长发育。

（3）配置比例要适当，坚持果树为主。以优势互补为原则，不要盲目追求短期经济利益而挤压李树生长发育所需的正常空间。

（4）应选择套种本地的特优、地道药材。目的是生态效益和经济效益最大化，也便于销售。

（5）可以选择经济效益和生态效益并重的中药材进行果园套种。如藿香蓟、商陆等，在收获经济效益的同时，还可以显著改善李园生态环境，增强树体抗逆能力。藿香蓟为一年生草本药用植物，可大量栖息繁殖各类害螨的天敌——捕食螨，种植藿香蓟可以显著减轻红蜘蛛等害虫危害，减少化学药剂的使用。商陆不仅可以药用，而且是一种高钾作物，种植商陆能显著提高土壤肥力，改善果树生长状况。

果园套种中药材，可以以短养长，如套种黄芩，一般直播第二年霜降前后或第三年早春就可有收获，2.5 ~ 3千克鲜根可加工1千克干品，每亩产值500元以上。除经济效益外，生态效益也非常显著，果园土壤状况得到明显改善，李树生长良好，抗逆能力增强。

2. 套种技术

（1）*整地及施肥*。选择适宜进行套种的果园行间空地进行整地，与树之间留足空间，并预留操作通道。在整地之前施有机肥、堆肥或厩肥，每亩地用量根据土壤情况确定，如果土壤肥力不足建议适当多施。并根据土壤情况施入无机肥，如过磷酸钙、磷肥、复合肥等。将肥料与土壤一起深翻至少30厘米，注意不要伤到李树根系。深翻后起垄，垄高根据套种植物确定，一般不低于15厘米，垄宽一般选择适于作业的宽度。

（2）*种植时间及方法*。套种中药材的种植时间相对灵活，可以选择春秋季或冬季进行。如种植板蓝根一般在4月上旬播种；柴胡冬季播种可以提高发芽率、使苗木整齐一致；黄精可以在10月上旬，也可以在3月下旬播种；黄芩可以春播，也可以夏播。

如为种子播种，可以直播（如黄芩）。有的种子需要进行催芽。有的需要先育苗，再进行移栽。以黄精为例，如利用根状茎繁殖，则于晚秋或早春3月下旬前后，挖取地下根茎，选择先端幼嫩部分截成数段，每段留3～4节，行距×株距为（22～26）厘米×（10～16）厘米、深5厘米，种植后覆土、镇压、浇水。如以种子进行繁殖，则8月种子成熟后，立即进行沙藏处理（种子：沙土=1：3），置背阴处30厘米深的坑，保持湿润，翌年春季播种。

（3）土肥水管理。种植中药材后，应加强果园土肥水管理。在中药材幼苗期应定期清除杂草、培土。若遇干旱或向阳干旱地方需要及时浇水，雨季要注意清沟排水，以防积水烂根。初夏可以补施农家肥，并混入草木灰或过磷酸钙、硫酸铵。施肥方法可以为沟施，也可以浇施。追肥后如无雨水应及时浇水。在做好土肥水管理的同时要注意及时防治病虫害，特别是高温多雨季节，如发生病害，应及时清理感染植株，并喷施药剂。

（二）绿肥作物

绿肥是一种生物肥源。种绿肥不仅可以使土壤增肥，对改良土壤也有很大作用，是理想的李园套种植物。

1. 绿肥的种类　绿肥种类很多，分类也很多，最常见的为豆科绿肥和非豆科绿肥。豆科绿肥根部有根瘤，根瘤菌有固定空气中氮素的作用，如紫云英、四籽野豌豆（苕子）、豌豆、豇豆等。非豆科绿肥，指一切没有根瘤的，本身不能固定空气中氮素的植物，如油菜、金光菊等。绿肥作物根部含氮量的多少，因品种不同有很大的差别。据分析，苕子根部含氮量占植株全氮量的4%～5%，豌豆占2%～4%，蚕豆约占8%，羽扇豆占5%～15%，红三叶草约占45%。适合南方果园种植的绿肥植物主要有以下几种。

（1）紫云英（图8-1A）。二年生草本，是最常见的、适应性很广泛的绿肥作物之一，也是优质饲用豌豆（肥、粮、菜、饲兼用）。紫云英对土壤要求不严，以沙质和黏质壤土较为适合。耐盐性差。紫云英能培肥地力，改善土地耕作性能，改良土壤环境。

（2）田菁。一年生草本，肥饲兼用。抗旱、抗病虫能力较强，有很强的耐盐、耐涝、耐瘠薄能力，是改良盐碱地的先锋作物。其种子含有丰富的半乳甘露聚糖，是重要的化工原料。

（3）绿豆。绿豆是常见豆类中的一种，食用兼肥用。

（4）蚕豆。一年生草本，为粮食、蔬菜、饲料和绿肥兼用作物。根瘤菌能与其共生固氮。茎秆翻压可做绿肥，以盛花期肥效最好。

（5）三叶草(图8-1B)。多年生豆科草本植物，主要有白三叶、红三叶和地中海三叶。白三叶，茎蔓生，株高20 ~ 30厘米，一般3月下旬返青，初冬11月中旬霜后叶枯，覆盖期长达8 ~ 9个月。一般春季播种，亩播种量1千克，深度3.0厘米，6—9月刈割压青。亩产鲜草1 500 ~ 2 000千克。

图8-1　绿肥作物紫云英（A）和三叶草（B）

（6）草木樨。分白花草木樨和红花草木樨，为多年生豆科绿肥作物，适应性强，耐旱、耐盐碱、耐瘠薄，适于山丘果园种植。一般茎高50 ~ 60厘米，初花期留茬10厘米刈割1次压青；秋季霜后割草时留茬高3 ~ 5厘米，以免休眠芽在越冬前萌发。

（7）印度豇豆。一年生蔓生草本，粮、饲、肥兼用。其根部常有根瘤菌共生，可固定大气中的氮素，因此，可当作果园绿肥。

（8）油菜。十字花科一年生或二年生草本植物。油菜籽含油丰富，菜籽饼亦是优质饲料和有机肥料。油菜的落花、落叶及残留在土壤中的根条，全氮量达4.2%，全磷0.52%，全钾2.58%，有很好的肥田效果。因此，在生产上除了做油料作物栽培外，常把它作为绿肥作物栽培。油菜用种量少，生育期短、肥效高，这是其他绿肥作物所不及的。

2. 绿肥种植、利用技术

（1）绿肥作物的种植。果园套种绿肥方式很多，可以种植单一绿肥，也可以混合播种两种以上绿肥作物，如紫云英与油菜混播、豆科绿肥与非豆科绿肥混种，蔓生与直立绿肥混种，使互相间能调节养分，蔓生茎可攀缘直立绿肥，使田间通风透光。因此，混种产量较高，改良土壤效果较好。

绿肥作物绝大多数为一年生或多年生草本植物，制种及播种均非常方便。播种时期也没有绝对限制，只要温度适合、雨水充足的季节均可播种。长江以南地区夏季绿肥一般在3—4月播种，冬季绿肥一般在10—11月播种。多数绿肥作物播种1次后即可自我繁殖，不用再重新撒种。豆科绿肥作物，特别是紫云英应采用根瘤菌拌种，以促进其根瘤生长并提高固氮能力。

（2）绿肥作物的管理。多数绿肥作物怕涝，果园种植绿肥作物要开好排灌沟。绿肥作物生长初期建议施一定的肥料，如豆科绿肥作物，虽然它能固定空气中的氮素，但在生长初期和生长旺盛期也需要补充一定的氮素养分，因此适当增施氮肥会取得更好的效果。多数绿肥作物对磷素很敏感，如土壤中有效磷含量低，会大大影响生长发育，故应适当施磷肥来满足绿肥作物的需要，以达到“小肥养大肥”的效果。

（3）绿肥的利用。果园种植绿肥作物多数在第一次播种之后的几年之内都不需要投入额外的人力管理，良好的果园生态系统一般在两年左右就会显现得非常明显。如果想深入利用绿肥作物，可以直接翻耕入地，又可刈割后覆盖、堆沤等。绿肥翻压一般先将绿肥茎叶切成10 ～ 20厘米长，然后撒在地面或施在沟里，随后翻耕入土壤中，一般入土10 ～ 20厘米深，沙质土可深些，黏质土可浅些。一般豆科绿肥植株适宜的翻压时间为盛花期至谢花期；禾本科绿肥植株最好在抽穗期翻压，十字花科绿肥植株最好在上花下荚期。间、套种绿肥作物的翻压时期，应与后茬作物需肥规律相互吻合。

除用作绿肥外，豆科绿肥的茎叶大多数可作为家畜良好的饲料，而其中氮素的1/4被家畜吸收利用，其余3/4的氮素又通过粪尿排出体外，变成很好的厩肥。因此，先喂牲畜，再用牲畜粪便肥田，是利用绿肥一举两得、经济有效的好方法。

3. 果园绿肥套种效果　在果园中种植绿肥，也称之为果园生草。笔者有多年果园种植绿肥作物的经验，从短期看效果确实没有使用高肥水明显，但是2 ～ 3年后，其生态效果及其对果树生长发育的影响将远远超过预期。笔者将李园绿肥使用效果总结如下，见表8-1。

表8-1　果园套种绿肥作物效果对比总结

果园未套种绿肥作物	果园套种绿肥作物第四年
果园管理人力成本较高	果园管理人力成本显著降低
肥料成本高、利用率低	肥料成本显著降低、保水保肥能力显著增强
水土流失严重	水土流失减少
果园小气候不明显，果树对气候变化应对能力差	果园小气候形成，有力对抗极端温度
果树病害较严重，防治困难	果树病害显著减少，果园形成优良生态环境
果实品质竞争力不强	有机果园通过认证，果品质量提高，销售旺，增收40%

绿肥可以为农作物提供养分，特别是豆科绿肥作物还能把不能直接利用的氮气固定转化为可被作物吸收利用的氮素养分。绿肥可以减少果园养分损失，保护生态环境，减少病虫害。如果劳动力资源充足，还可以将绿肥直接翻耕入地，施入土壤后可以增加土壤有机质，改善土壤的物理性状，提高土壤保水、保肥和供肥能力。绿肥除具备一般有机肥的作用外，还能对果园形成地面覆盖，起到防风固沙、减少水土流失、防止土温急剧变化等作用。种植绿肥作物在前期会从土壤中吸收部分养分，但在此后的新陈代谢中，所有的养分又以有机肥的方式还给了土壤。利用果树行间或在不影响果树树下通风透光的情况下全园种植绿肥作物是养地的良好方法。此外，种植多年生豆科植物，能起到疏松土壤、增加土壤孔隙度的作用，达到自然免耕的目的。将绿肥种植与养殖结合起来，就能够实现果、草、牧综合利用，提高果园种植和畜禽养殖的经济效益。

（三）其他经济作物

在众多果树中，李树从栽植到进入结果期的时间不算太长，但是也要5年左右才能有经济回报，投资回收相对较慢，种植前几年均需要不断投入。如果能充分利用果树空间，在行间种植回报周期相对较短的经济作物，不仅能提高光能和土地利用率及土地产出率，增加复种指数，增加单位面积产量，而且可以有经济效益，还可以“以耕代抚”促进李树生长发育。

果园套种经济作物有多种模式，幼龄李园应根据当地气候、土地、肥水和劳力等具体情况来选择采用间套作的形式。一般套种的经济作物选择生长期植株比较矮、耐阴、生长高峰期和对水肥需要临界期与李树错开、生育期短且与李树没有相同病虫害的经济作物，如豆类（图8-2）、葱蒜类、根菜类；又如辣椒、萝卜等生长期较短，与李树争水肥矛盾不大。还可以间作株型较小的瓜菜，如西瓜、甜瓜，经济收益较高。还可以套种花生、大豆、旱稻等农作物。只要操作得当，均可以在短期内有所回报。南瓜、黄瓜、丝瓜、峨眉豆等蔓生作物攀爬力强，其藤蔓缠绕果树，会抑制果树生长，使树势衰弱，结果减少，不建议套种。

图8-2　李园套种豌豆

食用菌经济价值和食用价值均非常高，是近年世界卫生组织提倡的健康食品。果园内空气相对湿度大，光照度低，富含氧气，正符合食用菌生长。食用菌可释放大量二氧化碳，有利于果树光合作用，促进果树的生长。食用菌菌渣成为有机肥施进果园，有效改善果园土壤结构，在干旱季节食用菌管理过程中多余的水分又可以使果树再利用。果园里栽培食用菌，可以抑制果园杂草滋生，减少水土流失，提高土地利用率，促进生产发展，增加经济收入。

食用菌生长对空气相对湿度要求较高，可以选择在有一定树冠的李园进行食用菌间作。我国多地有果园间作食用菌的经验，木耳、大球盖菇、竹荪等经济价值较高的食用菌均可以用于果园间作，可以取得很好的经济效益，同时，木耳、大球盖菇等栽培结束后，其废菌料是很好的有机肥，回园后可起到改良土壤、培肥地力的作用。

二、套种注意事项

（一）套种作物要与李树保持一定距离

不宜将作物紧挨树干或在树冠下种植，以免妨碍对果树进行正常的管理，影响果树的生长。间作的距离尽可能与果树远些，一般宜在树冠垂直投影50厘米以外为宜，以确保果树与间作作物正常生长，互不影响。幼年果园的套种面积不得超过果树面积的一半，否则在为套种作物施肥、浇水或耕作时容易损伤果树，特别是损伤其根系。

（二）套种作物应有利于改良土壤

套种吸肥能力强的作物会影响李树的正常生长发育，得不偿失。应选择有利于改良土壤、培肥地力、保持地力、不传播病虫害且又有经济效益的作物，如花生、大豆等豆科作物。避免套种吸肥能力极强、易造成土壤贫瘠的作物。高粱、木薯等虽然也有养地作用，但与果树相克，其根系有毒害作用，故也不宜套种。同时，要避免套种根系发达、扎根较深的深根系作物，以免发生作物与果树争水、争肥的现象。

（三）套种作物不应遮挡李树正常生长发育

不应选择高大作物或攀缘作物，如玉米、高粱、甘蔗、苦瓜、豇豆等，这些作物会阻碍空气流通、影响果树正常通风，挡住阳光，影响果树生长发育。

（四）套种作物应当合理轮作

大多数农作物不耐连作，连作容易发生病害并导致减产，而且连作同一种农作物易造成某种营养元素的缺乏。因此，每年或隔年要换茬，不要连续混作套种同一品种或同一类作物，以免造成土壤养分不平衡或某种病虫在果园大量繁衍危害。

（五）套种作物应避免与李果收获期及病虫害相同

如果套种作物与李树收获期相近，则容易造成收获季节劳动力紧张。应避免套种作物与李果树病虫害互相侵染和蔓延。应间作速生期、收获期与果树相异且无共同病虫害的作物。

第2节　种养结合

果园中既可以套种其他作物，也可以养鸡、养兔、养猪、养鱼等，形成“立体高效种养”，把种植和养殖有效结合起来，使“果-草-禽(畜)”生产一体化，实现资源的高效利用，提升生产效益。

一、种养结合模式

（一）种养生态循环模式

果园里养鸡、养猪等是我国果农的习惯，但是以零星散养为主，多数并没有形成一定的经济效益。近年来，我国果农探索了规模化果园种养结合的模式，实现了果园的可持续发展。在果园里放养一些土鸡、大鹅等容易管理的畜禽，让其在果园里觅食草、杂物，适当喂食饲料。果园内的杂草被畜禽吃掉，节省了除草的劳动力，畜禽产生的粪便是有机肥料，可以调理土壤，促进生态循环。畜禽不仅可以增加农民收入，而且也促进了有机果品的生产，一举多得（图8-3）。

（二）畜－沼－果综合利用模式

在树下种植牧草、蔬菜，改善果园生态环境，鸭、鸡、猪等吃菜叶、吃草，鸭粪、鸡粪、猪粪反哺果园，粪分离成沼液、沼液浇灌果园、沼气提供电力能源，实现多空间利用、生态环境最优化。这一模式成为一种良性循环果园生产模式，也是经济可持续发展的生态种养结合综合利用模式，有巨大的发展潜力。这一模式将土地、果菜、畜禽和包括沼气发酵结合起来，形成“四位一体”生态循环系统。

图 8-3　种养生态循环模式

二、种养结合技术

进行种养结合，要根据果园地形地貌，分别进行种植区域、养殖区域、固体废弃物循环利用系统、道路交通系统等设施的科学规划。果园可以养殖鸡、鸭、鹅、猪、兔等畜禽，关于不同畜禽养殖技术本节不再赘述。果园养殖需注意以下几点。

（一）要控制好养殖密度

不同畜禽要求有不同的养殖密度，过疏会使资源闲置，影响经济收益；过密则不仅需要补充大量饲料，增加成本，而且影响畜禽生长、降低品质，同时也会使土壤板结，影响果树生长发育。果园养鸡千万不能过密，宁可稀不可密，一般果园套养土鸡的密度为每亩40 ～ 50羽较为合适。

（二）要做好防疫工作

防疫工作是畜禽养殖的最重要环节，防疫工作做不好可能会使养殖陷入困境。引进土鸡前要对环境进行有效消毒。引进后要及时进行免疫注射，对致死率较高的重大疫病如新城疫、禽霍乱、高致病性禽流感等的免疫必须做到100%。果园里养殖的土鸡，由于运动及日晒较多，因此抵抗力较室内养殖的强很多，因此无需喂食抗生素。

（三）要做好防灾工作

在果园内畜禽养殖，既要应对气候灾害，也要应对其他动物对其造成的伤害，因此，不仅需要做好防极端天气工作，如高温中暑、低温冻害，也要防范其他动物，如黄鼠狼等。夏季果园树荫较多，白天由于土鸡属放养状态，气温对土鸡影响不大，晚上回棚舍睡时应控制密度，密度过大易导致中暑。防范其他动物对畜禽造成伤害可以在棚舍的外围打好篱笆并围上铁丝网。

第 9 章

李主要病虫害防治技术

第 1 节　主要防治方法

李病虫害防治必须贯彻“预防为主，综合防治”的方针，树立“科学植保、公共植保、绿色植保”理念。以生态调控、生物防治、理化诱控、科学用药等技术防治李病虫害，严格遵守农药安全间隔期，保障李农药残留量符合有机规定标准。生产有机李是指果品中有害物质（如农药残留、重金属、亚硝酸盐等）的含量控制在国家规定的允许范围内，人们食用后对人体健康不造成危害。因此应该采取绿色防控技术进行生产，绿色防控是指采用生态调控、生物防治、物理防治和科学用药等环境友好型措施控制病虫害的植物保护措施。其目的是确保生产安全、农产品质量安全和农业生态环境安全。李病虫害主要防治方法有农业防治、物理防治、生物防治等。

一、农业防治

农业防治为防治李病、虫、草害所采取的农业技术综合措施，调整和改善生长环境以增强李对病、虫、草害的抵抗力，创造不利于病原物、害虫和杂草生长发育或传播的条件，以控制、避免或减轻病、虫、草的危害，从而把病、虫、草所造成的经济损失控制在最低程度。

主要手段：选育抗病虫或者耐病虫品种，建立无病种苗基地、改变耕作模式、轮作倒茬、科学合理灌溉、开展配方施肥等。

（一）选用抗病良种

植物对病、虫的抗性是一种可遗传的生物学特性。通常在同一条件下，抗性品种受病、虫危害的程度较非抗性品种轻或不受害。利用抗病虫害能力强的品种达到防治的目的是一项稳妥而有效的措施。选择适合当地生产、抗病虫、抗逆性强的优良李品种，少施药或不施药，是防病、增产且经济有效的方法。

（二）合理的栽培管理措施

1.改进耕作制度　合理调整果园布局。降低不同品种之间病虫害的相互影响。

2.清洁果园　彻底清除病株残体、病果和杂草，集中深埋销毁，改善农田生态环境，减少病虫害的发生。

3.合理整形修剪　根据李的品种特性，合理整形修剪，保证树冠通风透光，抑制和减少病虫害。整形修剪可以改善和优化群体结构，避免植株过分旺长，减少养分消耗，增强抗病能力。

4.合理栽培密度　合理安排栽培密度，改变田间小气候，充分利用土地、阳光等资源，提高单产，有利于抑制病虫害发生。

（三）科学施肥、灌溉

1.实行配方施肥　配方施肥是依据地块的土壤养分结构，采取配方施肥措施，增施腐熟好的有机肥，配合施用磷肥，控制氮肥的施用量，既能减少投入，又能增强树势，从而提高果树本身的抗逆性，达到防病的目的。

2.深耕改土等改进栽培措施　土壤深耕可改善土壤中的水、气、温、肥和生物环境；使土壤表层的有害生物深埋，土壤深处的有害生物暴露，破坏其适生条件。此外，土壤耕作时的机械作用可直接杀伤害虫或破坏害虫的巢室，而土壤深耕可以清除作物的残病体。

3.及时排灌　及时排灌水，提高防治效能。

二、物理防治

物理防治是利用物理方式防治病虫害的方法。主要手段有理化诱控技术，即光诱、性诱、色诱、捕杀的“三诱一捕”技术以及紫外线杀菌、除草膜、防虫网等物理阻隔技术的应用等。

（一）糖醋液诱杀

在果园中悬挂糖醋液，按照红糖：醋：白酒：水=1：4：1：16的比例，加少量敌百虫，诱杀成虫。可诱杀地老虎、斜纹叶蛾、梨小食心虫、小卷叶蛾、蚜虫、黏虫、金龟子等。

（二）频振式杀虫灯诱杀害虫

从3月中旬至10月中旬悬挂频振式杀虫灯，可以有效诱杀害虫。频振式杀虫灯是目前物理环保防治害虫方面先进的无污染防害诱杀设备。它利用害虫趋光、趋波、趋色的特性，将光的波段、频率设定在特定的范围内，近距离用光、远距离用波，引诱成虫扑灯，灯外配以频振式高压电触杀。频振式杀虫灯不仅可以增加诱杀害虫的数量和种类，将害虫直接诱杀在成虫期，可大幅减少化学农药的使用，减少农药对环境的污染，延缓害虫抗药性，对人畜无害，而且使用简便、费用低廉，无需人工操作，省时省力。将杀虫灯悬挂在固定支架上，高度一般距地面2米，一只灯可辐射周边30 ～ 50亩农田面积。在害虫多时一晚可杀农作物害虫成虫1 ～ 1.5千克，有灯区的落卵量、害虫量较无灯区可减少60% ～ 80%。可广泛诱杀斜纹夜蛾、吸果夜蛾、地下害虫等多种有飞翔能力的害虫成虫。安装布局可分为两种：一是棋状分布，二是闭环分布。一般在实际安装过程中，棋状分布较普遍适用，以单灯辐射半径12米来计算控制面积。确定好架灯位置，栽两根木桩或三脚架，用铁丝把灯上的吊环固定在两根木桩的横担上，高度以1.3 ～ 1.5米为宜（接虫口的对地距离）。为防止刮风时灯来回摆动，灯壳也要用两根铁丝拉于两桩上，然后接线，接线口一定要用绝缘胶布严密包扎，铜线和铝线互接时要尤其注意，以防受潮氧化，导致接触不良，使灯不能正常工作。频振式杀虫灯使用时间一般为5—10月，每天19 ～ 24时。

（三）性诱剂诱杀

性诱剂诱杀技术是目前国际公认的绿色植保技术，对保护农业生产、生态安全和实现农业可持续发展具有重要意义。性诱剂诱杀技术装置由诱芯、诱捕器组成。由于不同害虫的飞行特点不同，诱芯最好选择配套的诱捕器。首先剪开包装袋的封口，取出诱芯。使用自制或专用诱捕器安装诱芯，如塑料盆（碗）和水盆型、蛾类通用型等专用诱捕器。诱捕器放置高度依害虫的飞行高度而异。如斜纹夜蛾的诱捕器一般应放置在离地面1米左右。诱捕器设置时，应先监测到少量成虫时再大面积安放；一般是外围密度高，内圈尤其是中心位置可以减少诱捕器的数量；一般每亩放3～5套，采用棋盘式悬挂。大棚使用诱捕器不要挂在墙上。在空旷果园里应用，可以提高诱捕效率，扩大防治面积。田间诱捕，每个诱捕器放1枚诱芯，诱芯的寿命与田间的气温和气流有密切关系。如对于斜纹夜蛾的诱芯，一般在夏天可以使用6周，而春、秋季节气温降低时，则可以达到8周，甚至8周以上。使用水盆诱捕器时，要及时加水，以维持一定的水面高度。另外，可以适当加一些洗衣粉，提高诱杀效果。适时清理诱捕器中的死虫，收集到的死虫不要随便倒在田间。由于性信息素的高度敏感性，安装不同种害虫的诱芯，安装前要洗手，以免污染。一旦已打开包装袋，最好尽快使用包装袋中的所有诱芯，或放回冰箱中低温保存（－15～5℃）。注意性诱剂具有专一特性，1种产品只能引诱1种害虫。如斜纹夜蛾的诱芯只能诱捕斜纹夜蛾的雄成虫，而对小菜蛾的诱芯只能诱捕小菜蛾的雄成虫。所使用的诱捕器也可能不一样。性信息素引诱的是成虫，所以诱捕应在成虫期前开始；且引诱对象为雄成虫，对雌成虫无效。根据靶标害虫种类选用不同的诱芯，一般每个诱捕器可控制3～5亩，诱捕器用树枝或竹竿挂于田间，悬挂高度高于果树1米左右，1～2个月更换1次诱芯。诱捕器能有效控制害虫危害，同时能预测害虫的成虫高峰，可根据成虫高峰确定低龄幼虫防治适期，一般高峰日后5天用药防治。用成品性引诱剂悬挂在水盆上方1厘米处，盆中水加少许洗衣粉，每亩挂5～8个，可诱杀雄蛾，从而使雌蛾无法受精，不能产生后代，此法也可以作为农药防治的预测方法。性引诱剂一般是专用的，例如桃小食心虫、潜叶蛾、苹小卷叶蛾、棉铃虫、桃蛀螟、斜纹夜蛾等。

（四）色板诱杀害虫

利用害虫的趋黄性、趋蓝性，并在色板上涂上粘胶剂，根据不同害虫对不同色彩的敏感性不同进行诱杀。黄板可诱杀粉虱、蚜虫等害虫，蓝板可诱杀蓟马、种蝇等害虫。在田间悬挂黄板或蓝板，高度略高于果树顶部，每亩放20～30块，当色板粘满虫子时，可涂上机油继续使用。同翅目的粉虱等，双翅目的斑潜蝇、种蝇等，以及缨翅目的蓟马等多种害虫成虫对黄色、蓝色具有强烈的趋性，可以通过悬挂黄色、蓝色诱虫板诱杀。粘虫色板（诱虫板）不仅可诱杀蚜虫、白粉虱、飞虱、叶蝉、斑潜蝇、蓟马等小型昆虫，而且对由这些昆虫为传毒媒介的作物病毒病也有防治效果。诱虫板从果树定植后开始使用，用铁丝或绳子穿过诱虫板的两个悬挂孔，将其固定好，将诱虫板两端拉紧垂直悬挂在温室上部。在露地环境下，应使用木棍或竹片固定在诱虫板两侧，然后插入地下，固定好。根据当地害虫发生情况确定安插诱虫板的种类和数量。防治蚜虫、粉虱、叶蝉、斑潜蝇等害虫，开始悬挂3 ~ 5片黄色诱虫板，以监测虫口密度。当诱虫板上诱虫量增加时，每亩悬挂规格为25厘米×30厘米的黄色诱虫板30片，或25厘米×20厘米黄色诱虫板40片，或视具体情况增加诱虫板数量。防治种蝇、蓟马等害虫，每亩悬挂规格为25厘米×40厘米的蓝色诱虫板20片，或25厘米×20厘米蓝色诱虫板40片，或视害虫情况增加诱虫板数量。当诱虫板上粘着的害虫数量较多时，用钢锯条或木片、竹片及时将虫体刮掉，诱虫板可重复使用。注意晴天的诱集效果明显优于阴雨天。害虫对色彩的趋性在运动时远大于静止时。如用手轻拍有烟粉虱的植株，烟粉虱成虫会成群地、强劲地飞扑向黄板，而未拍动植株上的烟粉虱飞扑向黄板的速度和数量明显不及。诱虫板应与其他综合防治措施配合使用，才能更有效地控制害虫危害。诱虫板应选用耐雨淋、耐紫外线的产品。粘胶的主要成分为无毒压敏胶，如不小心粘在手上，可用清洁剂或溶剂清洗。

三、生物防治

生物防治是指利用寄生性、捕食性天敌或病原微生物，以及生物的代谢物来调控害虫密度，或抑制病原菌的传播蔓延。在自然界有许多种昆虫有发展成害虫的潜力，但实际上它们都很少暴发成灾，这是因为有多种天敌的存在，这些天敌形成的生物控制机制使潜在的害虫不能暴发形成危害。一旦丧失这些生物控制机制，潜在的有害生物就可能暴发，从而给生产带来经济损失。因此，应通过保护当地天敌提高益虫的丰度来稳定果园生态系统。益虫丰度的提高主要采用果园生草、套种、增加植物类型，以及减少化学农药使用等措施来实现。利用天敌是虫害防治技术的核心，利用生物代谢的代谢产物也是防治病虫害的主要生物技术。生物防治不仅可以改变生物种群组成成分，而且可以直接消灭病虫害，对人、畜、植物也比较安全，不伤害天敌、不污染环境，不会引起害虫的再猖獗或产生抗性，对一些病虫害有长期的控制作用。但是生物防治也存在局限性，不能完全代替其他防治方法，必须与其他防治方法有机地结合在一起。

（一）保护和利用天敌

利用天敌是虫害防治技术的核心，果园里的蚜虫、红蜘蛛、潜叶蛾、卷叶蛾等都有大量天敌，如果减少化学农药的使用可以有效实现天敌控制。必要时可进行人工干预：一是移植和引进外地天敌，要求天敌从害虫的原发地引进且是单食性或寡食性，繁殖力强，与害虫的发生期和生活习性相吻合，适应力强，驯化的可能性大，传播速度快，搜索能力强，能突破寄主防御行为，以达到最好的控制效果。二是用人工的方法在室内大量繁殖饲养天敌昆虫，在需要时释放到田间，以补充自然界天敌数量，在害虫尚未大量发生之前就使其受到控制。目前成功的人工繁育天敌有赤眼蜂、捕食螨、食蚜蝇、周氏啮小蜂等，它们分别对鳞翅目害虫、螨类、蚜虫等害虫起到防治作用。

（二）病原微生物或其代谢产物的利用

病原微生物或其代谢产物的利用，如利用苏云金杆菌（Bt）制剂防治多种鳞翅目害虫、利用白僵菌防治蛴螬等。害虫残体：利用害虫体内产生的一种惊恐外激素和多种腺体激素，随体液喷洒到作物上，对同类害虫起到拒食、远迁和降低繁殖率的作用。方法是将害虫捣碎后兑水过滤成虫体液，1克成虫体液兑水50 ～ 60千克喷施。从生物有机体中提取的生物试剂替代农药防治病、虫、草害，利用自然界生物分泌物之间的相互作用，运用生物化学、生态学技术与方法开发新型农药将成为未来发展的新趋势。常见的是植物源和微生物源药剂。

（三）常见植物源药剂介绍

此类药剂主要是杀虫剂，来源于植物中所含的杀虫有效物质，经过提取、分离并加工成为一定的剂型，作为商品农药销售使用，所以统称为植物源杀虫剂，可用于有机果园。根据作用方式主要有以下5种。

1. 破坏昆虫口器的化学感受器　干扰了昆虫中枢神经系统，从而影响其取食行为。比如印楝素的拒食作用。

2. 麻痹神经与肌肉　如烟碱、川楝素、苦参碱、苦皮藤素、闹羊花素Ⅲ。

3. 破坏昆虫的生理生化状态　如印楝素抑制昆虫雌虫卵巢发育；苦皮藤素Ⅴ破坏昆虫中肠壁细胞；川楝素破坏昆虫中肠，导致虫体麻痹、昏迷。

4. 扰乱昆虫内分泌激素的平衡　印楝素影响保幼激素的合成与释放，影响昆虫卵成熟所需的卵黄原蛋白的合成从而导致绝育。

5. 产生光活化毒素　噻吩类能吸收光能，而呋喃香豆素等，不依靠氧原子直接与脱氧核糖核酸（DNA）起化学反应，从而产生毒杀作用。

在有机合成农药成为主要农药品种之前，植物源农药曾经与矿物源农药共同担当了主要农药品类的历史性任务。过去最重要的植物源杀虫剂是烟草、鱼藤酮、除虫菊素，其有效成分分别是烟碱（即尼古丁）、鱼藤酮、除虫菊素（除虫菊素Ⅰ与除虫菊素Ⅱ）。分别加工成硫酸烟碱水剂、鱼藤酮乳油、除虫菊素油剂等。也有把鱼藤酮、除虫菊素直接粉碎成粉剂使用的。1959年又发现了印楝素。这些植物源杀虫剂对害虫具有很强的间接杀虫作用，印楝素还具有比较特殊的取食行为调控作用。这些均属于植物体内所含有的杀虫有效物质，它们的化学成分和分子结构均已查明，有些则已能进行人工合成，其中最重要的是除虫菊素（合成的拟除虫菊酯类杀虫剂农药不能用于有机果园）；印楝素也已能人工合成，但成本太高。

（四）微生物源杀虫杀菌剂

微生物源药剂是从微生物的代谢物中分离得到的杀虫有效物质，经过加工后成为具有明确组分的商品制剂。它们有效成分的化学分子结构和理化性质必须查明，否则无法保证药效的稳定性；并且必须通过毒性试验，因为有许多微生物对人、畜也是有毒的。比较重要的品种有阿维菌素（齐螨素）、苏云金杆菌、白僵菌等。阿维菌素是效力最强大的微生物源杀虫剂和杀螨剂（阿维菌素毒性强，不能用于有机农业）。微生物源制剂类型主要有以下几种。

1. 真菌　已知的昆虫病原真菌有530多种，在防治害虫中经常使用的真菌有白僵菌、绿僵菌等。真菌主要用于防治地老虎、斜纹夜蛾等害虫，已取得了显著成效。但在饲养桑蚕的地区不宜使用。

2. 细菌　作为微生物杀虫剂在农业生产中使用的有苏云金杆菌和乳状芽孢杆菌、枯草芽孢杆菌、假单胞杆菌等。其中苏云金杆菌是世界公认的微生物产品，对蚜虫等多种害虫效果明显。NEMA STOP（韩国）

线虫共生菌，可以防治根结线虫。

3.病毒　已发现的昆虫病原病毒主要是核型多角体病毒（NPV），质型多角体病毒（CPV）和颗粒体病毒（GV）。

第2节　主要病害及防治

一、细菌性穿孔病

李细菌性穿孔病的防治

1.症状　主要为害叶片，也为害果实和枝梢，叶片发病初期，产生多角形水渍状斑点，以后扩大为圆形或不规则形褐色病斑，边缘水渍状，后期病斑干枯、脱落，形成穿孔，病叶极易早期脱落。果实发病，先在果皮上产生水渍状小点，后病斑中心变青褐色，最终可形成近圆形、暗紫色、边缘具水渍状的晕环，中间稍凹陷，表面硬化、具粗糙的病斑。空气干燥时，病部常发生裂纹，病果易提前脱落。枝条感病，初期形成水渍状小点，逐步扩大形成褐色斑点，伴流胶，后形成梭形或长圆形病斑，病部凹陷，病部皮层、木质部变褐坏死，边缘呈黄色晕圈，常造成感病枝条枯死（图9-1）。

为害早期症状

为害叶背面症状

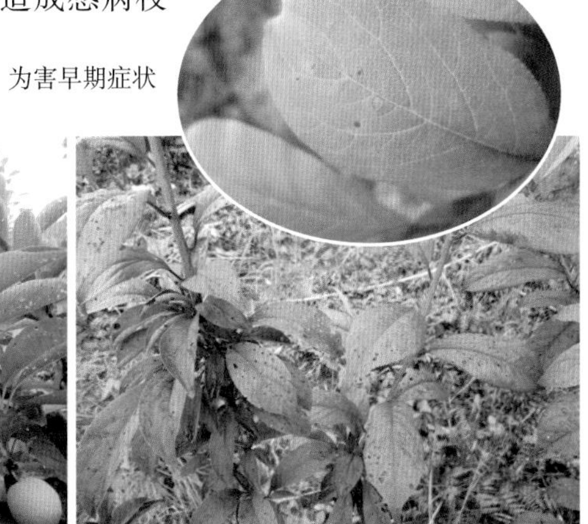

为害叶正面症状

图9-1　细菌性穿孔病为害症状

2. 防治方法　加强果园综合管理，增强树势，提高抗病能力；合理整形修剪，改善通风透光条件；结合修剪，及时剪除病枝，清扫病叶，集中烧毁或深埋。

在李芽膨大前，全树喷施45%石硫合剂结晶粉20 ～ 30倍液进行预防；展叶后至发病早期是防治的关键时期，可选择45%春雷•喹啉铜悬浮剂2 000 ～ 3 000倍液或20%噻菌铜悬浮剂300 ～ 500倍液或40%噻菌锌悬浮剂600 ～ 1 000倍液进行喷雾防治，每隔7 ～ 10天或雨后防治1次，连续防治2 ～ 3次。

二、褐腐病

1. 症状　为害花叶、枝梢和果实，其中以果实受害最重。花部受害自雄蕊及花瓣尖端开始，先发生褐色水渍状斑点，后逐渐延至全花，随即变褐而枯萎；天气潮湿时，病花迅速腐烂，表面丛生灰霉，如天气干燥则萎垂干枯，残留枝上，长久不脱落。嫩叶受害，自叶缘开始，病部变褐萎垂，最后病叶残留枝上。新梢感病，形成溃疡斑，病斑长圆形，中央稍凹陷，灰褐色，边缘紫褐色，常发生流胶。果实被害，最初在果面产生褐色圆形病斑，如环境适宜，病斑在数日内便可扩及全果，果肉也随之变褐软腐，继而在病斑表面生出灰褐色绒状霉丛，常呈同心轮纹状排列，病果腐烂后易脱落，也有不少失水后变成僵果，悬挂枝上经久不落（图9-2）。

10

李褐腐病的防治

2. 防治方法　结合冬剪彻底清除树上树下的病枝、病叶、僵果，集中烧毁；秋冬深翻树盘，将病菌埋于地下；及时防治害虫，减少伤口；及时修剪和疏果，完善排水设施，合理施肥，增强树势。

李树萌芽前喷施45%石硫合剂结晶粉20 ～ 30倍液，铲除越冬病菌。春季是药剂防治的关键时期，可选择70%甲基硫菌灵可湿性粉剂800 ～ 1 000倍液或80%代森锰锌可湿性粉剂600 ～ 800倍液或50%啶酰菌胺水分散粒剂500 ～ 1 500倍液进行防治，每隔2周防治1次，连续防治2 ～ 3次。

为害叶片症状　　为害果实初期症状

为害枝、叶症状

为害果实后期症状　　僵　果

图9-2　褐腐病为害症状

三、袋果病

1. 症状　主要为害果实，也为害叶片、枝干。果实感病，在落花后

李袋果病的防治

即显现症状，初呈圆形或袋状，后变狭长略弯曲，病果表面平滑，浅黄色至红色，失水皱缩后变为灰色、暗褐色至黑色，冬季宿留树枝上或脱落，病果无核，仅能见到未发育好的雏形核。叶片染病，在展叶期变为黄色或红色，叶面肿胀皱缩不平、变脆。枝梢受害，呈灰色，略膨胀，弯曲畸形、组织松软，病枝秋后干枯死亡，发病后期湿度大时，病梢表面长出一层银白色粉状物，翌年在这些枯枝下方萌发的新梢易发病（图9-3）。

袋果病为害果实初期症状

袋果病为害果实、新梢后期症状

袋果病为害果实、新梢症状

袋果病为害新梢症状

图9-3　袋果病为害症状

2. 防治方法　注意园内通风透光，栽植不宜过密；合理施肥、浇水，增强树体抗病能力；在病叶、病果、病枝梢表面尚未形成白色粉状物前及时摘除，集中深埋；冬季结合修剪等管理，剪除病枝，摘除宿留树上的病果，集中深埋或烧毁。

李树开花萌芽前，喷洒45%石硫合剂结晶粉20～30倍液，以铲除越冬菌源，减轻发病。自李芽开始膨大至露红期，可选用70%甲基硫菌灵可湿性粉剂800～1 000倍液或65%代森锌可湿性粉剂500～600倍液或80%代森锰锌可湿性粉剂600～800倍液或50%啶酰菌胺水分散粒剂500～1 500倍液进行防治，隔10～15天再喷1次，连续防治2次。

四、流胶病

1.症状　流胶病从发病原因角度主要分为生理性流胶和侵染性流胶两种。生理性流胶主要是由于霜害、冻害、病虫害、雹害、水分过多或不足、施肥不当、修剪过重、结果过多、土质黏重或土壤酸度过高等原因引起，多发生在主干和主枝上，雨后树胶与空气接触变成茶褐色硬质琥珀状胶块，被腐生菌侵染后病部变褐腐烂，致使树势越来越弱，严重者造成死树，雨季发病重，大龄树发病重，幼龄树发病轻（图9-4）。

初期症状

中期症状

后期症状

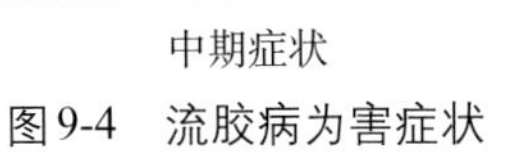

图9-4　流胶病为害症状

侵染性流胶病主要为害枝干，被害枝干皮层呈疱状隆起，随后陆续流出透明柔软的树胶，树胶与空气接触氧化后变成红褐色至茶褐色，干燥后变成硬粒块，病部皮层和木质部变褐坏死，严重时致树势衰退，部分枝干乃至全树枯死。

2. 防治方法

（1）注重土壤管理。及时清园松土培肥，挖淤通排水沟，防止土壤积水。增施有机肥及磷钾肥，保持土壤疏松，以利于根系生长，增强树势，减少发病。

（2）加强树冠护理。合理修剪，保持一定的叶绿层，使树冠能荫蔽枝干，减少强光照射，以免造成日灼裂皮。田间管理时注意不要损伤树干皮层，在干旱高温季节及时灌水能有效地预防该病的发生。

（3）及时防治天牛等树干害虫。在天牛等害虫成虫活动盛期，注意检查李树树干，采取人工捕杀幼虫，或用3%高效氯氰菊酯微囊悬浮剂600 ～ 1 000倍液防治成虫，减少害虫咬伤钻伤树皮、树干，保护枝干，减少发病。

3. 化学防治　5—6月为防治适期。可用12.5%烯唑醇可湿性粉剂2 000 ～ 2 500倍液或80%多菌灵可湿性粉剂800 ～ 1 600倍液喷施，每隔15天喷1次，连喷3 ～ 4次。施药时，药液要全面覆盖枝、干、叶片和果实，直至湿透。

五、黑李溃疡病

1. 症状　在主干、主枝、枝条和新梢上产生大小不一的溃疡斑，有的长达5 ～ 6厘米，有的绕枝干一圈，病斑逐渐扩大引起枝条、主干的枯死，每根枝条溃疡斑数目少则几个，多则数十个。枝干发病初期，出现不规则形水渍状斑点，继而形成椭圆形黑紫色稍凹陷病斑，后期病斑有胶液流出，病斑中部纵裂直达木质部，病斑周边痂状突起，严重时整枝干枯而死。叶片发病时，初期为多角形水渍状斑点，以后扩大为圆形或不规则病斑，边缘水渍状，后期水渍状边缘消失，呈褐色后病斑干枯，病健组织交界处发生裂纹，脱落而形成穿孔；该病害也能够侵染果实，形成病斑（图9-5）。

整树为害症状

为害主枝症状

为害新梢症状

为害多年生枝症状

为害果实初期症状

为害果实后期症状

图9-5　黑李溃疡病为害症状

2. 防治方法　由于黑宝石、黑琥珀容易感病，发病严重，而玫瑰皇后、安哥诺、美丽李、佛莱索等品种抗病性相对较强，在发展时可以适当调整品种结构，采用抗病品种，早中晚熟品种搭配合理，减少溃疡病危害。

（1）清除侵染源，切断侵染途径。结合冬季修剪，剪除感病枝条，集中烧毁，消灭越冬菌源。对于发病严重的病株要及时挖除并清理出园，清除病源。刮除溃疡斑，然后用5波美度石硫合剂封园。对于修剪等造成的伤口，及时采用石硫合剂喷涂保护。

（2）加强管理，提高抗病能力。果园的肥水条件、立地条件、栽培密度、管理水平对于黑李溃疡病有重要影响。合理密度栽植，加强肥水管理，注意增施有机肥，不偏施氮肥，可增强树势，增强抗病能力；建园时应注意减少与桃、樱桃等其他核果类果树的混栽，及时处理病株，防止病菌的交叉感染。

（3）应用避雨、避风栽培技术。病菌主要借助风、雨水传播，有条件的果园可采用避雨设施栽培，阻断病菌传播途径。

春季花前喷施45%石硫合剂结晶粉20 ~ 30倍液保护，开花期至7月是重要防治时期，可选择36%春雷•喹啉铜悬浮剂2 000 ~ 2 500倍液或20%噻唑锌悬浮剂300 ~ 500倍液等交替防治，每隔两周喷施1次。

第3节　主要虫害及防治

一、蚜虫

1. 为害状　为害李树的蚜虫主要为桃蚜，又名桃粉蚜、腻虫、油汉等。主要为害叶片，春季李树发芽长叶时，桃蚜群集在树梢、嫩芽和幼叶背面刺吸营养，使被害叶片逐渐变白，向背面扭曲，卷成螺旋状，引起落叶，新梢不能生长，影响产量及花芽形成，削弱树势。蚜虫为害刚刚开放的花朵时，刺吸子房营养，影响坐果，降低产量。蚜虫排泄的蜜露，污染叶面及枝梢，使李树生理作用受阻，常造成煤烟病，加速早期落叶，影响生长。此外，桃蚜还能传播病毒病和细菌性病害（图9-6）。

蚜虫为害新梢状

蚜虫为害叶片状

蚜虫群集幼叶背面为害状

图9-6　蚜虫为害状

2.防治方法　李树萌芽前（3月上旬），全树喷布45%石硫合剂结晶粉20～30倍液。蚜虫为害发生时，可选择5%啶虫脒乳油2 500～3 000倍液或10%吡虫啉可湿性粉剂4 000～5 000倍液等药剂进行防治，隔7～10天视情况再喷1次。也可使用黄板诱集桃蚜。蚜虫的天敌有瓢虫、食蚜蝇、草蛉和寄生蜂等，对蚜虫发生有很强的抑制作用，因此要注意保护天敌，尽量减少广谱性农药的使用。

二、桃蛀螟

1. 为害状　桃蛀螟又称桃蠹螟、桃蛀野螟，属鳞翅目螟蛾科昆虫，食性杂，主要为害苹果、梨、桃、李、杏、石榴等果实。在李上的为害，幼虫多从梗洼、果与果或果与叶的接触部位，先吐丝和啃食果皮，然后蛀入果内为害，取食果肉和种仁，有转果为害习性。虫孔周围有红褐色颗粒状虫粪和黄褐色胶液，成堆黏附在果面。果实内虫道较粗大，充满红褐色颗粒状虫粪，虫体所到部位，果肉、种核和种仁均啃食一空。被害果多变色脱落或果内充满虫粪而不能食用，未脱落的果实也失去食用价值，对产量与品质的影响极大（图9-7）。

桃蛀螟对果实初期为害状

桃蛀螟对果实后期为害状

图9-7　桃蛀螟为害状

2. 物理防治　冬季清园，及时清理高粱、玉米、向日葵等寄主的秸秆、穗轴及向日葵盘。提倡使用杀虫灯、糖醋液进行物理防治，以及推广果实套袋技术，减轻害虫危害程度。

3. 化学防治　加强幼虫低龄期的防治，可选择4.5%高效氯氰菊酯乳油1 500 ~ 3 000倍液或5.7%甲氨基阿维菌素苯甲酸盐水分散粒剂3 000 ~ 5 000倍液或5%氯虫苯甲酰胺悬浮剂3 000 ~ 5 000倍液进行防治，间隔7 ~ 10天防治1 ~ 2次，用药宜交替轮换，以延缓抗药性的产生。

三、天牛

天牛的防治

1.为害状　天牛广泛分布于世界各地，食性杂，能为害所有果树。大部分以幼虫蛀食树干或主枝，少数蛀食根系，幼虫在树干内蛀咬隧道，造成皮层脱落，树干中空，影响水分和养分的输送，致使树势衰弱、产量降低，甚至能使枝条或整株果树死亡，损失严重（图9-8）。

天牛幼虫为害主干状

红颈天牛成虫

天牛为害枝干初期

天牛为害枝干后期

天牛为害致树死亡

图9-8　天牛为害状

2. 物理防治

（1）树干涂白。结合冬季封园，选择“松尔膜”、石硫合剂等进行树干涂白，防止成虫在树皮裂缝、空隙中产卵。

（2）人工防治。幼虫孵化期，经常检查树干、树枝，发现虫粪时，即用锥子锥杀、用铁钩钩杀或用小刀在幼虫为害部位顺树干纵割3 ～ 4刀，杀死幼虫。在6—7月成虫发生盛期，利用成虫的假死性，进行人工捕捉。

（3）化学防治 6—7月成虫发生盛期和幼虫孵化初期，在树体上喷洒3%高效氯氰菊酯微囊悬浮剂600 ～ 1 000倍液或5%氯虫苯甲酰胺悬浮剂3 000 ～ 5 000倍液，7 ～ 10天防治1次。

第 4 节 农药使用基本知识

一、农药的分类

农药通常是指用于防治农林作物及其产品上有害生物和能调节植物生长的药剂，以及能使这些药剂效力增强的辅助剂、增效剂等。从结构上可分成无机农药和有机农药，前者指由矿物原料加工制成的农药（如铜制剂、砷制剂、氟制剂等）；后者包括有机氯、有机磷、氨基甲酸酯类、菊酯类、沙蚕毒素类和特异性杀虫剂等化学合成的农药以及矿物油乳剂、植物性农药（鱼藤酮、印楝素等）和微生物农药（如青虫菌、白僵菌及阿维菌素等）。

按照防治对象则可分成：杀虫剂、杀螨剂、杀菌剂、除草剂、植物生长调节剂。事实上，许多药剂，其防治对象往往不止一种，如甲氰菊酯、水氨硫磷、阿维菌素、单甲脒等既可以用来防虫，也可以用来防治螨类；机油乳剂和柴油乳剂等对螨类、蚧类和粉虱类均有较好的效果；石硫合剂虽属杀菌剂，但却常用来防治螨类（特别是冬季清园时），而且对介壳虫的若虫有兼治作用；2，4-滴为一种除草剂，但在柑橘上常用于保花保果、防腐保鲜等。也有些药剂的防治对象特别专一，如抗蚜威只能用来防治蚜虫，对其他害虫、害螨没有防效；噻螨酮只能杀死叶螨的卵和幼螨，对成螨完全无效。

二、农药的作用方式

农药杀死或抑制农田中病、虫、草、鼠等有害生物的途径，称之为农药的作用方式。杀虫剂中最常用的作用方式有触杀、胃毒、内吸、熏蒸、拒食、忌避和抑制生长等几种。

（1）触杀作用。药剂通过接触昆虫表皮并渗入体内从而杀死害虫，这是目前使用的杀虫剂最主要的作用方式，可杀死各种口器的害虫和害螨。

（2）胃毒作用。药剂通过害虫口器和消化系统进入体内从而杀死害虫，一般只能防治咀嚼式口器害虫，如鳞翅目幼虫、金龟子等。

（3）内吸作用。药剂通过植物的根、茎、叶吸收，并能在植物体内输导和储存，害虫吸食植物的汁液或组织后被杀死。

（4）熏蒸作用。利用药剂挥发所产生的蒸气来毒杀害虫。

（5）拒食作用。害虫接触或取食施用农药的作物后，破坏了消化道中消化酶的分泌并干扰害虫的神经系统，使害虫拒食食料，逐渐萎缩饿死。

（6）忌避作用。药剂本身无毒杀害虫作用，但所具有的特殊气味使害虫忌避，从而达到保护农作物不受侵害。

（7）抑制生长作用。主要指昆虫生长调节剂，它通过昆虫体壁或消化系统进入虫体，破坏其正常的生理功能，阻止其正常的生长发育，从而将其杀死，这类药剂防治对象专一，对有益生物安全，如噻嗪酮、灭幼脲、氟啶脲等。

目前使用的大多数杀虫杀螨剂同时具有触杀、胃毒、熏蒸或内吸作用，可根据主要防治对象选用最合适的药剂。

杀菌剂主要有保护剂和治疗剂两类。保护剂是指在病原微生物未侵入植物组织之前施用，以保护植物不受危害的药剂，目前使用的杀菌剂多属此类，如波尔多液、代森锌等；治疗剂是指那些既有保护作用又有一定治疗和内吸作用的杀菌剂，如甲霜灵、代森铵等。不过无论是哪种杀菌剂，都应在作物发病初期或表现病状前使用，才会发挥相应的效果。

除草剂从防除对象看，可分为灭生性（广谱性）和选择性两类，前者如草甘膦等，后者如西玛津、2, 4-滴等。灭生性除草剂几乎可防除所有杂草，对花卉有药害；选择性除草剂只能防除一定种类的杂草，如2, 4-滴只对双子叶（阔叶）杂草有效，使用时一定要注意防除对象，避免产生药害。从作用方式看，除草剂可分为内吸和触杀两类，前者如草甘膦和2, 4-滴等，药效表现一般较慢，后者如草铵膦等，药效表现一般较快。

三、影响农药药效的因素

（一）药剂因素

药剂影响药效的原因主要是药剂本身限定的防治对象、药剂质量和使用浓度等。每种药剂的防治对象都是有限的，只能对某些害虫甚至害虫的某一生育阶段有效，如果不根据防治对象和不同生育期选择最合适的药剂，药效就会受影响。药剂质量，乳油或水剂要求无沉淀、无分层现象，乳油呈透明油状液体；可湿性粉剂要求其99.5%的粉料通过200号筛目，无受潮和结块现象，贮藏不要过久。药剂浓度过高不仅浪费药剂，还可能产生药害，浓度过低则影响防治效果，而且害虫和病菌也易产生抗药性。

（二）气候因素

主要是温度和降雨，其次是日照、湿度和风。有些药剂在一定温度范围内其药效随温度的升高而增强，如双甲脒、单甲脒、炔螨特和苯丁锡等；有些药剂受温度影响较小，如哒螨灵、唑螨酯等；有些药剂在气温较低时提高使用浓度可提高防治效果，如石硫合剂、机油乳剂等；还有一些微生物杀虫剂在气温过低或过高时效果均不好。

（三）生物生育阶段对药效的影响

害虫的抗药力一般是随虫体（虫龄）的增大而增强，所以在其幼龄期防治效果较好，尤其是介壳虫和粉虱等害虫，其体表附着的介壳或蜡粉会随虫龄的增长而增多、增厚，抗药力也随之增强，因此必须抓住低龄幼虫期进行防治。另外，蛹和卵的抗药力一般比活动虫体要强，休眠状态的虫体和病菌抗药力也较强，不少除草剂的效果也与杂草的生长阶段关系密切。

（四）喷雾质量对药效的影响

喷雾是花卉上最常用的施药方法，要求其雾滴直径小、密度高，这样药液才能较好覆盖靶标。多数喷雾器都是以一定压力将药液压到喷孔呈圆锥形喷出，如果喷液孔直径大，射程就远，但雾滴大密度小，不易喷周到，防治效果就差。由于有相当多的病、虫在叶片背面为害，且目前所用药剂多为触杀剂和胃毒剂，内吸性药剂较少，病菌或害虫必须接触到药剂才能被杀死，因此喷药时应先喷植株内部和叶背，再喷外围和植株顶部，以免漏喷或重喷。要勤移喷头，不要使药液下流，以喷湿靶标为度。

（五）其他影响因素

配药时要先放少量水在喷雾容器内，加入所需药量后再加足水量，充分搅拌后才喷；可湿性粉剂应先用少量水将药剂调成糊状倒入喷雾容器内，加入所需水量搅拌后再喷，切勿将药粉直接倒入水中或容器内。配药应使用江河或池塘的清洁水，不用矿物质含量高的泉水或腐殖质含量高的肥水。配制波尔多液时水温不能高于环境温度，不能用金属容器配制。石硫合制和波尔多液等应现配（熬）现用，不能久放。其他药液也应尽量即配即用。

四、农药配制与注意事项

农药在使用前都要经过配制，才能给农作物施用。农药的配制就是商品农药配制成可以施用的状态，一般要经过农药和配料取用量的计算、量取、混合等几个步骤，正确地配制农药是安全、高效、合理使用农药的重要环节。

（一）农药配制

1. 计算农药和配料的取用量　农药取用量要根据其制剂有效成分

的含量、单位面积的有效成分用量和施用面积来计算。农药标签或说明书上注有单位面积上农药制剂用量的，可用下式计算农药制剂用量：农药用量=单位面积农药制剂用量（毫升／亩）×施药面积（亩）。若已知农药制剂要稀释的倍数（即喷施药液浓度），可用下式计算农药制剂用量：

2.准确配制农药　准确地配制农药是安全、高效、合理使用农药的基本要求。一是计算出的农药制剂取用量和配料用量（通常为兑水量），要严格按照计算量量取或称取。二是液体农药可用有刻度的量具如量杯、量筒，最好用注射器量取；固体和大包装粉剂农药要用秤称取，称取少量药剂宜用克秤或天平秤取；小包装粉剂农药，在没有称量工具时，可用等分法分取，也较为准确。三是农药和配料称（量）取后，要放在专用容器里混合配制，并用工具（不得用手）搅拌均匀。

（二）注意事项

在配制农药时，难免会接触农药，有些制剂有效成分含量很高，引起中毒的危险性大，配制时要特别注意安全。一是不提倡用瓶盖倒取农药，极易泼洒和引起经皮中毒；不要用水桶配药，残留药液易引起人、畜误食；不能用盛药容器直接从河、沟、塘、池中取水；不准用手伸入药液或粉剂中搅拌。二是开启农药包装，称量及配制过程中，操作人员应该佩戴必要的防护器具。三是农林植保人员和农药配制人员，必须经过专业培训，掌握必备的操作技术，熟悉所用的农药性能。四是孕妇和哺乳期妇女不准参加农药配制工作。五是配制农药应远离住宅区，牲畜栏厩和水源等场所；药液随配随用，配好或用剩药液应采取密封措施；已开装的农药制剂应封存在原包装内，不得转移到其他包装中（如食品包装或饮料瓶）。六是配药器械要求专用，每次用后要洗净，不准在河流、小溪、塘、池、坝和水井边清洗。七是少量用剩和不要的农药应该深埋地坑中；处理粉剂农药时要小心，以防粉尘飞扬，污染环境。八是喷施农药，喷雾器不要装得太满，以免药液泄漏；以当天配制当天用完为好。

五、正确规范使用化学农药

（一）加强预测预报，按照经济阈值用药

加强果园有害生物发生动态的预测预报，监测害虫抗药性，确定合适的防治指标，按照经济阈值用药，可以明显减少农药的使用量，这是科学用药的前提。事实证明，维持果园的生态平衡，按经济阈值使用化学农药是科学防治病虫害的方法，不要一见到害虫发生就立即喷药，可以允许一定的损失。例如，近年荔枝上发生的海南小爪螨，10月至翌年3—4月均有发生，但到了雨季发生量就自然下降，因此一般情况下不必喷药防治；苹果全爪螨一般7月以前防治指标可掌握在平均每叶后期若螨和成螨3 ～ 4头，7月以后防治指标则放宽到平均每叶5 ～ 6头；苹果斑点落叶病春季平均病叶率为5%左右时，用专用药剂进行第1次防治。

（二）对症用药，合理选药

尽量使用选择性较高的农药，少用广谱性农药，以减少农药对天敌的伤害，并能保护果园的生态环境。如在防治螨类害虫时使用噻螨酮、哒螨灵、三唑锡等专用杀螨剂，防治蚜虫时使用吡虫啉、啶虫脒等专用杀蚜剂，防治苹果斑点落叶病时使用多抗霉素、异菌脲等杀菌剂。果园中禁止使用禁用农药，尽量不使用高毒、高残留农药。化学农药品种繁多，其理化性质、作用方式、防治对象、持效期等均有差异。只有正确选择农药，才能安全有效地保护果树。选择农药品种时要明确防治对象的种类及发生规律，要考虑施药时果树的物候期及气温、降雨等环境条件，还要了解防治对象的抗药性情况。如在防治柑橘红蜘蛛时，冬季清园要选择低温期防治效果好的药剂，至于药剂对花、幼果、嫩梢、嫩叶是否易引起药害则不必考虑，常用的药剂有机油乳剂、柴油乳剂、炔螨特等；花期及幼果期不宜用易产生药害的农药如炔螨特，而应选择有杀卵及杀成螨、若螨、幼螨作用的哒螨灵等药剂；单甲脒、双甲脒等在高温、晴天时更易发挥药效，最好不要在阴雨天使用；噻螨酮等对柑橘红蜘蛛有高抗药性的杀螨剂应停用。

（三）在病虫害防治的关键时期用药

果园中各种有害生物每个世代的不同生育期或不同虫态对农药的敏感性有所不同，选择合适的时期施药既能保证药剂的防治效果，还能延长农药的持效期。如花前花后是苹果全爪螨卵孵化高峰期和山楂叶螨越冬雌成螨出蛰期，此时用药会收到事半功倍的效果。樱桃介壳虫的幼虫期没有介壳或蜡质层薄，药剂容易穿透虫体体壁发挥药效，所以介壳虫幼虫期是防治的关键时期。一般情况下，防治果树病害应以预防为主，即在发病初期防治，喷保护性杀菌剂效果较好，病害暴发时喷治疗性药剂也往往难以控制。防治果树害虫时应在害虫对药剂最敏感的时期喷药，大多数果树害虫在低龄幼虫期对药剂最敏感，蛹期耐药性最强，所以应在害虫卵孵化盛期施药。使用植物生长调节剂时要注意果树品种及物候期、植株营养水平、气候条件等因素。

（四）选择合理的施药浓度、施药器械和施药方法

果园喷药防治病虫害时，农药使用量要准确，不准随意加大和降低使用浓度，农药的推荐用量是经过药效试验确定的有效用量，随意加大农药浓度不仅浪费药剂、加速病虫害抗药性的产生，同时会污染环境，伤害天敌生物，并有可能产生药害；降低使用浓度则防治效果会下降。农药剂型有乳油、可湿性粉剂、悬浮剂、粉剂、水分散粒剂、颗粒剂、水剂等，应根据果园病虫害发生特点、发育时期等来选择不同的施药器械和施药方式，方能达到理想的防治效果。乳油和可湿性粉剂等需兑水喷雾，颗粒剂需撒施到土壤内，如防治土壤中越冬的金龟子类害虫可用颗粒剂进行毒土处理，防治板栗透翅蛾可用煤油加药剂“刮皮涂干”。同时，施药质量的好坏直接影响病虫害的防治效果，不同的防治对象在不同时期也有不同的施药要求，如柑橘潜叶蛾只需在柑橘嫩梢期叶面喷雾即能达到良好的防效，但防治介壳虫、红蜘蛛等害虫时，叶片正反面及树冠的各个部位都要均匀喷药；防治荔枝蒂蛀虫，不仅要喷果，还要喷树冠内膛及地下杂草；防治桃蛀果蛾最好采取地面防治和树上防治相结合的方法。此外，在实际生产中应严格遵循农药安全间隔期用药，以减少农药残留。施药人员必须做好规定的安全防护措施，防

止中毒。剩余的药液和施药器械的清洗液应集中安全处理，不得随意泼洒。

（五）科学混用和交替使用农药

农药科学混用必须根据其物理和化学特性、作用机制、防治目的，选择与其适应的农药混配，方能达到扩大防治对象种类、增效、减缓抗药性产生、节约用工的效果。目前，很多农药厂家生产的加工好的混配制剂可直接使用；生产中需要混用农药时需做小范围试验，即先取少量农药按不同配比混合在一起，喷布到果树枝条上，观察是否能达到预期效果。交替使用农药是为了克服和延缓有害生物产生抗药性。对于杀虫剂而言，应选择作用机理不同或能降低抗药性的不同种类的农药交替使用，如有机磷、拟除虫菊酯类、氨基甲酸酯类等杀虫剂之间的交替使用；对于杀菌剂而言，需将保护性杀菌剂和内吸性杀菌剂交替使用，或将不同杀菌机制的内吸杀菌剂交替使用。

（六）统防统治

统防统治即统一防治时间、统一防治农药、统一防治技术，可提高防治效果，有效控制病虫害发生，并可减少农药用量，降低农药残留，保障果品安全生产。要大力发展果树病虫害专业化统防统治，这也是我国病虫害防控的发展方向，建议相关部门积极扶持壮大果树专业化合作组织，大力推进农药“统购、统供、统配和统施”全程服务，确保防治效果和果品质量安全。

（七）大力推广生物农药

生物农药是用来防治有害生物的生物活体及其生理活性物质，并可以制成商品上市流通的生物源制剂，包括微生物源农药、植物源农药、动物源农药等制剂。生物药剂以低毒、无残留、作用迟缓、持效期长为主要特征，使用浓度和使用剂量的精确度均比化学药剂低，对果树不易产生药害，对人畜安全，不杀伤天敌且不污染环境。生物农药的使用效果受多种因素的影响，在实际应用中还存在一系列问题，为了取得良好的防治效果，必须准确掌握生物农药的特性，科学使用生物农药防治各种病虫害。生物农药的科学使用应最大程度地利用有利因素，克服和避免不利因素，使用中应注意以下几点：生物农药宜在害虫低龄期、病害发病初期使用，喷布时必须均匀、周到、细致，施用时要注意在适宜的气候条件下进行；生物农药不能与碱性农药混用，多数不能和杀菌剂混用，一般能和多种杀虫剂混用；生物农药使用时要注意随配随用，贮存地点要求阴凉、干燥，避免受光、受潮。果园较为常用的生物杀虫剂有沙蚕毒素类杀虫剂（主要对鳞翅目害虫有效）、苯甲酰脲类杀虫剂（常用药剂有灭幼脲3号、噻嗪酮、氟啶脲、氟虫脲、杀铃脲等）、阿维菌素类杀虫杀螨剂（防治山楂叶螨和二斑叶螨）、苏云金杆菌（防治刺蛾、卷叶蛾、桃小食心虫等果树害虫，在低龄幼虫期施药效果好）、吡虫啉（防治果树各种蚜虫，同时对卷叶蛾、潜叶蛾类害虫也有较好的防效）、鱼藤酮（防治蚜虫）、印楝素、苦参碱等。

六、果园常用农药种类及其使用方法

有机、绿色果品生产对果园农药的使用提出了严格要求，高毒、高残留农药被禁用，部分中等毒性农药受到限制，生物源（包括植物源、动物源和微生物源）和矿物源农药得到大力推广，下面介绍果园常用农药种类及其使用方法。

（一）果园农药使用的基本规定

1. 禁止使用的农药　六六六、滴滴涕、毒杀芬、二溴氯丙烷、杀虫脒、二溴乙烷、除草醚、艾氏剂、狄氏剂、汞制剂、砷类、铅类、敌枯双、氟乙酰胺、甘氟、毒鼠强、氟乙酸钠、毒鼠硅、甲胺磷、对硫磷、甲基对硫磷、久效磷、磷胺、苯线磷、地虫硫磷、甲基硫环磷、磷化钙、磷化镁、磷化锌、硫线磷、蝇毒磷、治螟磷、特丁硫磷、氯磺隆、胺苯磺隆、甲磺隆、福美胂、福美甲胂、三氯杀螨醇、林丹、硫丹、溴甲烷、氟虫胺、杀扑磷、百草枯、2,4-滴丁酯、甲拌磷、甲基异柳磷、水胺硫磷、灭线磷。其中甲拌磷、甲基异柳磷、水胺硫磷、灭线磷，自2024年9月1日起禁止销售和使用。

2. 限制使用的农药　此类农药毒性较大，杀虫谱广，无选择性，在使用过程中容易大量杀灭害虫天敌，破坏生态平衡，导致害虫大面积发生。因此，这些农药需要谨慎使用。限制使用的农药主要有甲拌磷、甲基异柳磷、内吸磷、克百威、涕灭威、灭线磷、硫环磷、氯唑磷、水胺硫磷、灭多威、氧乐果、氰戊菊酯、丁酰肼（比久）、氟虫腈、毒死蜱、三唑磷、氟苯虫酰胺、乙酰甲胺磷、丁硫克百威、乐果。

果园允许使用的农药包括生物源、矿物源和部分高效、低毒、低残留的化学合成制剂，主要有阿维菌素、苦参碱、吡虫啉、灭幼脲3号、哒螨灵、苏云金杆菌及除福美砷外的所有杀菌剂。

（二）果园常用杀菌剂

1.铲除性杀菌剂　对病原菌有直接强烈杀伤作用的药剂，可以通过熏蒸、内渗或直接触杀来杀死病原体而消除其危害。这类药剂一般只用于植物休眠期处理或种苗处理。果园常用的有石硫合剂和过氧乙酸类药剂。石硫合剂液中含有多硫化钙及硫代硫酸钙，具有渗透和侵蚀病菌细胞壁及害虫体壁的能力，喷洒时可直接杀死病菌和害虫，此特性可用作铲除剂。同时，石硫合剂的4种间接作用，即在果树体表形成保护区效应、高碱区效应、缺氧区效应、相对干燥区效应，可有效防止病菌入侵、萌发、生长传播，又是良好的保护剂。萌芽前后使用既是保护剂又是铲除剂，一药多效，是老果园最常用的清园药。注意应细致周到喷施，最好使枝干呈淋洗状。过氧乙酸主要用于防治腐烂病和在枝干上越冬的轮纹病菌、炭疽病菌，生产中要严格按各成品药（百菌敌、9281强壮素、菌杀特、康菌灵等）的规定浓度使用，切忌用原液涂抹腐烂病疤，因为原液涂抹会严重烧伤周边形成层，导致伤口难以愈合，引发腐烂病再次大发生。

2.保护性杀菌剂　使用后在植株表面形成一层保护药膜,阻止病菌侵染,常用的有代森锰锌类和矿物源类保护剂。

代森锰锌类保护剂是目前所含农药品种最多、应用最广的一类保护剂，国产复方代森锰锌含有硫黄，幼果期使用容易伤害幼嫩果皮而产生果锈。近几年推出的代森锰锌与吡虫啉、丙森锌、波尔多液等组成的复配药剂运用后残留低、效果好，一般不产生抗药性，被大量运用在各种病害发生前和病害控制后的各个时期，在套袋前结合多抗霉素、氟硅唑等交替使用，可有效预防套袋黑红点病、早期落叶病、烂果病的发生。

矿物源类保护剂包括硫制剂和铜制剂。硫制剂不宜在果树生长期使用，常在果树萌芽前后使用，常用产品有石硫合剂（前面已介绍）等；铜制剂在生长期运用较多，常用产品有波尔多液、碱式硫酸铜、松脂酸铜等。波尔多液宜在果树发病前使用，苹果树落花后1个月内（易产生果锈）和果实临近成熟期不宜使用，常被用来预防早期落叶病。松脂酸铜是一种新型乳油型有机铜杀菌剂，比波尔多液毒性更低，黏着性、延展性、渗透性更强，杀菌谱广，是波尔多液的最佳替代产品。其显著特点：①低毒高效。除了在开花期及采果前20天内不宜喷施外，其他时间均可用药。②混用增效。松脂酸铜既可兑水600 ～ 1 000倍稀释后单独喷施，也可与多种杀虫、杀螨剂混用，且能显著提高这些药剂的药效。③耐雨淋。松脂酸铜喷药半小时后遇雨无需补喷，因而可在多雨地区和多雨季节发挥作用。

3. 内吸治疗性杀菌剂　能渗入作物体内或被作物吸收并在体内传导，对病菌直接产生作用或影响植物代谢，杀灭或抑制病菌的致病过程，清除病害或减轻病害。杀菌专性强，治疗效果好，易使致病菌产生抗药性，包括农用抗生素和有机杂环类制剂。

（1）农用抗生素。其本身无杀菌作用，主要对植物病原菌有强烈的抑制作用，能使病菌孢子发芽管和菌丝末端膨大为球状，失去入侵能力，抑制菌丝伸长，阻碍菌丝菌核形成和病斑出现，对果树的枝干和叶部病害有良好的防治效果，在病害发生初期和前期使用。常用产品有嘧啶核苷类抗菌素、多抗霉素、井冈霉素等。使用时应注意以下问题：①生物农药多为缓效型，所以施用时间应比化学农药提前数日。②生物农药随环境湿度的增加，效果也明显提高，所以必须在有露水的时候喷药。③紫外线对生物农药活性物质有致命的杀伤作用。因此，生物农药一般要选择在上午10时以前、下午4时以后，或阴天时喷施。

（2）有机杂环类制剂。为果园应用最多的一类杀菌剂，常见产品有甲基硫菌灵、三唑铜、烯唑醇、戊唑醇、氟硅唑、苯醚甲环唑、腈菌唑、异菌脲等。甲基硫菌灵在果园应用时间较长，部分病菌对其已产生了抗药性，特别是用来防治套袋果黑红点病，效果不太理想。异菌脲与多抗霉素混用防治早期落叶病效果非常显著。三唑铜主要防治锈病和白粉病；烯唑醇除防治锈病和白粉病外，还防治叶斑病和黑星病。戊唑醇主防斑点落叶病和轮纹病，生产中有些果农见病就用该药的做法不正确。氟硅唑、苯醚甲环唑、腈菌唑、异菌脲为三唑类第三代产品，对子囊菌、担子菌病害有特效，应用范围广。

（三）果园常用杀虫杀螨剂

1.生物源杀虫杀螨剂　此类药剂具有广谱、高效、安全、无抗药性产生、不伤害天敌等优点，能防治对传统产品已有抗药性的害虫，又不会产生交叉抗药性，一般对人、畜及各种有益生物较安全，对非靶标生物的影响也比较小，是绿色果品生产的首选农药，果园常用生物杀虫杀螨剂主要有以下几类：

（1）Bt杀虫剂。常用细菌农药，以胃毒作用为主，对鳞翅目害虫防治效果达到80%～90%。防治桃小食心虫当卵果率达1%时，喷施Bt可湿性粉剂500～1 000倍液；防治刺蛾、尺蠖、天幕毛虫等鳞翅目害虫，在低龄幼虫期喷洒1 000倍液。

（2）1.8%阿维菌素乳油。属抗生素类杀螨杀虫剂，对害螨和害虫有触杀和胃毒作用，不能杀卵。防治山楂叶螨、苹果红蜘蛛，于落花后7～10天两种害螨集中发生期喷洒5 000倍液，持效期30天左右。对二斑叶螨、黄蚜、金纹细蛾也有较好的防效。

（3）鱼藤酮。属植物源杀虫剂，具触杀、胃毒、生长发育抑制和拒食作用。在蚜虫盛发期初始，用2.5%鱼藤酮乳油750倍液喷雾。施药后的安全间隔期为3天。

（4）25%杀虫双水剂。属于神经毒剂，具有较强的触杀和胃毒作用，并兼有一定的熏蒸作用。防治山楂叶螨，在若螨和成螨盛发期喷洒800倍液，可兼治苹果全爪螨、梨星毛虫、卷叶蛾等。用杀虫双水剂喷雾时，可加入0.1%洗衣粉溶液，能增加药液的附着性。

（5）茼蒿素。植物源杀虫剂，防治蚜虫等幼虫，发生初期用400～500倍液喷雾防治。除齐螨素外，其他几种药剂果园使用量不大，远低于化学合成类药剂。

2.特异性杀虫杀螨剂　此类药剂的特点是使害虫的发育、行为、习性、繁殖等受到阻碍或抑制，从而达到控制虫害的目的。这类杀虫剂又称昆虫生长调节剂，对人、畜安全，选择性高，不会杀伤天敌，害虫不易产生抗药性，不会污染环境，有利于保持生态平衡，果园常用的品种有灭幼脲、除虫脲、噻嗪酮等，它们共同的作用机理是抑制害虫表皮几丁质的合成，使其不能正常蜕皮、变态而死亡。主要用于防治潜叶蛾、食心虫、叶螨、介壳虫、叶蝉等。

3. 矿物源杀虫杀螨剂　果园常用的是硫制剂，包括石硫合剂等，主要在冬春清园和落叶后使用，用于杀死越冬虫卵、成（幼）虫、茧等。

4. 化学合成类杀虫杀螨剂　化学合成农药是由人工研制合成，并用化学工艺生产的农药，常用的主要是一些低毒、低残留农药，包括哒螨灵、辛硫磷、吡虫啉、毒死蜱、甲氰菊酯、噻螨酮、氰戊菊酯等。噻螨酮杀螨卵、幼螨效果好，生产上常在叶螨发生前期使用。哒螨灵常在6月以后成螨大发生时使用。据资料显示，自20世纪90年代中期开始调查哒螨灵防效，发现它对山楂叶螨和苹果叶螨的作用一直很理想，对二斑叶螨防效差，同阿维菌素混用效果好。辛硫磷是有机磷农药中唯一没有被取缔的农药，主要是由于该药具有高效、低毒、低残留的特性，辛硫磷在光下极不稳定，容易分解，在土中稳定性好，因此被大量用于地下害虫的防治。吡虫啉是防治蚜虫的特效药，是众多防蚜药剂中蚜虫最不易产生抗药性的一种。毒死蜱由于具强熏蒸性和在土壤中作用时间长的特性，常用于地面防治食心虫、灌根防治苹果绵蚜、果园土壤处理等。菊酯类为广谱杀虫剂，对多种害虫有效，但对天敌杀伤力也强，成龄园尽量少用。化学合成药剂作用快、效果好，是果园目前应用最多的药剂，但其中的菊酯类、毒死蜱等限制使用农药，果农常连续使用，不符合绿色果品生产要求，亟待规范。

5. 自行配制的常规农药

（1）*石硫合剂配制方法及使用注意事项*。石硫合剂属于天然源农药中的矿物源农药，即药物有效成分完全取自天然矿物原料，属于保护性杀菌剂，是采用生石灰、硫黄和水煮制成的红褐色透明液体，有臭鸡蛋气味，呈强碱性。有效成分是多硫化钙，溶于水，易被空气中的氧气和二氧化碳分解，游离出硫和少量硫化氢而发挥杀菌作用。也可作为杀虫剂，软化介壳虫的蜡质。因此，对有较厚蜡质层的介壳虫有效，对果树上的红蜘蛛卵也有防效。

配制方法：石硫合剂的理论配比是生石灰、硫黄、水的比例为1:2:10，在实际熬制过程中，为了补充蒸发掉的水分，可按照1∶2:15的比例一次性将水加足。先将水放入铁锅中加热，待水温达60～70℃时，从锅中取出部分水将硫黄搅拌成糊状，并用另一容器盛出部分水留作冲洗用；再将优质生石灰放入铁锅中，调成石灰乳，并检查锅底有无石块，然后补足生石灰，并继续煮沸；将硫黄糊慢慢倒入石灰乳中，边倒边搅拌，并用盛出的水冲洗，全部倒入锅中，继续熬煮，并不断搅拌，开锅后继续煮沸40 ～ 60分钟。此过程颜色变化：黄色→橘黄色→橘红色→砖红色→红褐色。待药液变成红褐色，渣子变成黄绿色，并有臭鸡蛋气味时，即停火冷却，滤去渣子，即为石硫合剂母液，一般浓度可达25波美度。

注意事项：使用时直接兑水稀释即可。稀释倍数可按下列公式计算：加水倍数=（原液浓度－目的浓度）/目的浓度。也可查石硫合剂稀释倍数表来进行稀释。石硫合剂是一种良好的杀菌剂，也可杀虫杀螨，具有腐蚀性。一般只用于喷雾，休眠季节用3 ～ 5波美度，植物生长季节可用0.1 ～ 0.3波美度。可防治白粉病、介壳虫、叶螨等多种病虫害。

配制时，含杂质多和已分化的石灰不能使用，如有少量杂质，则要适当增加石灰量，硫黄是块状的，应先处理成粉才能使用；熬制时要用文火，随时用热水补足蒸发的水量。石硫合剂原液可储藏，稀释液不能储藏，应随配随用，原液储藏可用陶瓷或铁质等密闭容器，不能用铜、铝容器，或在液面上加一层油，以隔绝空气，防止氧化变质。石硫合剂为强碱性，不能与忌碱性农药混用，也不宜与其他农药混用。石硫合剂对桃、李、杏等果树易产生药害，尤其对李树极易产生药害，要慎用。果树果实即将成熟时不宜使用，否则会污染果皮。

（2）波尔多液配制方法及使用注意事项。波尔多液为保护性杀菌剂，通过释放可溶性铜离子而抑制病原菌孢子萌发或菌丝生长。在酸性条件下，铜离子大量释出时也能凝固病原菌的细胞原生质而起杀菌作用。在空气相对湿度较高、叶面有露水或水膜的情况下，药效较好，但对耐铜力差的植物易产生药害。波尔多液持效期长，对细菌性穿孔病、白粉病、霜霉病和炭疽病等多种叶部病害有较好的防治效果，并能促使叶色浓绿、生长健壮，提高树体抗病能力，对人和畜无毒。

配制方法：原料为硫酸铜、生石灰及水，其混合比例要根据作物对硫酸铜和石灰的敏感程度、防治对象、用药季节以及气温的不同而定。生产上常用的波尔多液比例：硫酸铜石灰等量式（硫酸铜：生石灰=1：1）、倍量式（1：2）、半量式（1：0.5）、多量式［1：（3 ～ 5）］

和少量式，用水一般为160 ~ 240倍液。所谓半量式、等量式和多量式等波尔多液，是指石灰与硫酸铜的比例。而配制浓度1%、0.8%、0.5%等，是指硫酸铜的用量。例如施用0.5%浓度的半量式波尔多液，即用硫酸铜1份、石灰0.5份，水200份配制。也就是1∶0.5∶200波尔多液。

在配制过程中，可按用水量的一半溶化硫酸铜，另一半溶化生石灰，待完全溶化后，再将两者同时缓慢倒入备用容器中，不断搅拌；也可用10% ~ 20%的水溶化生石灰，80% ~ 90%的水溶化硫酸铜，待其充分溶化后，采用稀铜浓灰法，反应在碱性介质中进行，将硫酸铜溶液缓慢倒入石灰乳中，边倒边搅拌使两液混合均匀即得天蓝色波尔多液。此法配成的波尔多液质量好，胶体性能强，不易沉淀。要注意切不可将石灰乳倒入硫酸铜溶液中，否则易发生沉淀，影响药效。

面积较大的果园一般要建配药池，配药池由1个大池，两个小池组成，两个小池设在大池的上方，底部留有出水口与大池相通。配药时，塞住两个小池的出水口，用一小池稀释硫酸铜，另一小池稀释石灰，分别盛入需兑水数的1/2（硫酸铜和石灰都需要先用少量水化开，并滤去石灰渣子）。然后，拔开塞孔，两小池齐汇注于大池内，搅拌均匀即成。如果药剂配制量少，可用1个大缸，两个瓷盆或桶。先用两个小容器化开硫酸铜和石灰。然后两人各持一容器，缓缓倒入盛水的大缸，边倒边搅拌，即可配成。

注意事项：在病害发生前用1∶1∶（150 ~ 200）波尔多液喷雾，可有效预防病害发生。在发病后，喷洒1∶1∶200波尔多液，每5天喷1次。为获得最佳防效，在使用过程中应注意以下几个方面。

①喷施波尔多液时1次喷透，不能重复喷施，现配现喷，多余药液宁可倒掉。

②波尔多液为碱性农药，不能与酸性药剂混用，也不能与怕碱药剂，如硫合剂、松脂合剂混用，以免降低药效或发生药害。为了避免药害发生，在喷过波尔多液的植株上，15 ~ 20天内不能喷石硫合剂，喷过石硫合剂7 ~ 10天后才能喷波尔多液，但波尔多液可以和与有机磷农药混用，但应随混随用。

③喷施波尔多液时最好在晴天、无露水时进行，效果最佳。夏季喷药避开中午的烈日，以免高温引起由石灰造成的药害。一般在上午10时以

前、下午3时以后喷药较安全，在大气过于干旱、温度过高的情况下喷施，水分蒸发快，容易使农药浓度增大，易发生药害。喷药前，要注意收听天气预报，如果当天有雨，就不要喷药。特别是降雨之前，喷了波尔多液，雨水会冲掉叶面上的石灰却留下硫酸铜离子，铜离子的腐蚀性很强，易使叶片灼伤受害。雨季喷药，配药时要酌情加大石灰用量。

④喷洒后24小时若遇雨，天晴后需重新喷施1次。若施药后发生铜离子药害，可在清水中加入0.5%～1%的石灰防治；若产生石灰药害，可喷400～500倍的米醋液防治。

⑤波尔多液药液呈碱性对金属有腐蚀作用，因此，每次使用后，要将喷雾器具冲洗干净，避免腐蚀。

第 10 章

李采后商品化处理

第 1 节　果实成熟过程中的变化

李品种资源十分丰富，成熟期从初夏一直可以持续到秋季。李果实在成熟过程中伴随着一系列生理生化变化，糖含量上升、含酸量下降、淀粉含量下降、涩味减退或消失、芳香物质生成、果皮颜色改变等。这一系列变化使果实呈现出其特有的色、香、味，由酸涩变为美味、多汁，使果实具有食用性和商品性。这一系列可见（或可闻）变化可以分为以下几类：一是外观品质的变化（色泽），二是风味品质的变化（糖、酸等），三是质地的变化（主要是随着果胶物质的分解而使果实软化），四是香气成分的变化及其他诸多化学物质的合成等。果实成熟是一个极其复杂的过程，涉及众多生理生化反应，而这一系列成熟过程直接影响其贮藏性能。一般来讲，果实发育期长、成熟期晚的李品种耐贮性较好，果实发育期短、成熟期早的品种耐贮性相对较差。

一、色泽

果皮的颜色是由叶绿素、类胡萝卜素、花青素等色素类物质共同决定的，各色素含量及比例决定了果实呈现出来的颜色。色素物质主要集中在果皮，果肉含量较低。李果皮中主要色素成分为花青苷或类胡萝卜素，因此不同品种的李果实，果皮颜色主要由花青苷或类胡萝卜素含量的多少来决定。果肉不含花青苷。李果实发育过程中，果皮中的叶绿素、类胡萝卜素、类黄酮等均呈下降趋势，而花青苷含量则逐渐增加，花青苷含量在果实接近成熟期增长最快，果皮中花青苷含量与类胡萝卜素、类黄酮含量呈负相关。一些黄色李品种的果皮中富含类胡萝卜素，在成熟期间果皮中的叶绿素降解、类胡萝卜素积累，使果实呈现黄色；如果成熟期叶绿素含量仍然较高，则果皮呈现绿色。

经测定分析表明，李果皮中花色素苷主要是矢车菊素-3-葡萄糖苷（cyanidin-3-glucoside）、矢车菊素-3-芸香糖苷（cyanidin-3-rutinoside）。不同中国李品种果皮中花色素苷种类相同，但不同色泽的李果皮中两种花色素苷含量不同。欧洲李不同品种果皮中花色素苷种类有差异。果皮花青苷含量与果皮颜色相对应，紫色、黑紫色等颜色较深的品种果皮花青苷含量较高，而红色等果皮颜色较浅的品种花青苷含量较低，颜色深的多为晚熟品种。

华中农业大学提出果实的色泽可以作为李果实采收成熟度的标准。在室温贮藏条件下，黄绿果、半熟果、红熟果三种不同采收成熟度的李果实其贮藏期分别为7天、5天、4天，且半熟果经贮藏软化后的果实品质指标与红熟果相比没有显著差异，但黄绿果经贮藏软化后的果实可溶性固形物含量显著低于红熟果。

果皮色泽受外界很多因素影响，如果袋透光率、温度、外源酸处理等。果袋的透光率与果皮外观色泽有密切关系，透光率越高，果皮颜色越红。而白色果袋与红袋、黄袋果实外观无显著差异，白袋与红袋，黑袋（完全不透光）与黄袋，红袋与黄袋之间的果实外观色泽存在显著差异。果实成熟时果皮中花色素苷含量与纸袋的透光率呈正比。外源有机酸可以促进果实着色，使果皮中花色素苷含量增加。果实处于0℃环境下，花色素苷含量增加缓慢；20℃下，花色素苷含量增加迅速。

二、糖、酸

李果实中的可溶性糖包括蔗糖、葡萄糖、果糖和山梨醇。多数品种成熟果实中的糖以蔗糖为主，其次是葡萄糖和果糖。苹果酸是成熟李果实的主要有机酸。野生种类型蔗糖含量低，以葡萄糖、果糖和山梨醇为主，苹果酸为主要有机酸，奎宁酸次之。欧洲李果实以葡萄糖和山梨醇为主，奎宁酸和苹果酸是主要的有机酸组分，占总酸含量的93.12%；而中国李糖组分以蔗糖为主，其次是葡萄糖和果糖，苹果酸是主要有机酸组分，占总酸的比例为63.24%～96.05%，由此形成二者不同的风味。樱桃李、美洲李、加拿大李、黑刺李和野生欧洲李等果实中除苹果酸外还有较高含量的奎宁酸；樱桃李总酸含量最高，其次是野生欧洲李和黑刺李，乌苏里李最低。

李果实在发育早期几乎没有蔗糖的积累，果糖含量也非常低，葡萄糖含量相对较高。随着果实的发育，果糖含量持续升高，葡萄糖含量增长缓慢，蔗糖在发育后期显著积累。研究认为李果实糖的快速积累主要发生在果实成熟前2周左右。可滴定酸、维生素C含量随果实发育呈下降趋势。采后李果实在0℃时，果肉中糖、酸及pH变化不大，而20℃环境下果肉中酸含量明显下降，pH上升，总糖含量明显下降。

三、质地

果实的软化几乎是所有果实成熟的一个重要特征。果实软化过程中果胶物质、纤维素、半纤维素等细胞及细胞壁组分发生降解，细胞壁微纤维丝结构松弛、软化，胞间连丝消失，细胞壁变薄，细胞趋于分散，同时正常膜的双层结构转向不稳定的双层和非双层结构，膜的液晶相趋向于凝胶相，膜透性和微黏度增加，流动性下降，膜的选择透性和功能受损，最终导致细胞死亡。李果实采收后迅速衰老，果肉溶质化，耐贮运能力较差，贮藏期较短，且在收获与运输过程中容易受伤害，从而导致腐烂变质。

多数李品种属于呼吸跃变型果实，果实在成熟时常伴随乙烯的大量产生，同时因细胞壁降解而使果实变软，其果实细胞壁物质的降解有大量的酶参与，主要是一些水解酶，如多聚半乳糖醛酸酶（PG）、果胶酯酶（PE）、纤维素酶、糖苷酶。采收后果肉组织中果胶酶、纤维素酶、淀粉酶活性很强，这是李果实在室温甚至低温条件下极易软化或腐败的主要原因。

四、香气成分

果实的香气成分是果实品质的重要特征之一。迄今鉴定出的果实挥发性香气物质已经超过2 000种，包括酯类、醛类、羰基化合物和一些含硫化合物等。每种果实的香气成分不尽相同，香气成分能客观反映不同水果的风味特点，是评价果实风味品质的重要指标。李果实富含香气物质，主要包括醛类、醇类、酮类、酸类、酯类、内酯类以及酚类等。酯和内酯类物质具有水果香味是核果类果实的主要香气成分。在果实的不同发育阶段，香气成分的组成和含量差异较大。采收成熟度对香气物质的组成和含量差异较大。成熟度高的李果实酮类物质较低，采收过早的果实醇类物质含量高，随着贮藏时间增加，醇类含量下降，而醛类物质含量上升。贮藏后期酮类物质急剧上升，使果实风味变差。

第2节 果实的适时采收

果实的采收，分级和贮运

果实采收是果园管理的最后一个环节，如果采收不当，不仅降低产量，而且影响果实的耐贮性和产品质量，甚至影响翌年的产量。李子采收时期，一般在接近完熟（九成熟）时采收，红色品种当果面彩色占全果4/5以上时为完熟期，黄色品种当果面绿色全部转为淡黄色时为完全成熟。采收时用人工手摘，轻拿轻放，装入果箱内，果箱容器不宜过大或过高，每箱装5 ~ 10千克为宜（图10-1）。

图10-1 采摘后的李装入果箱

第3节 果实的分级和贮藏

分级：果实采收后，应进行分级，以利果品的包装销售和贮藏运输。果品分级时应选择阴凉干燥、清洁卫生的场地，根据果品的销售方向和消费者需求进行选果分级，首先剔除畸形果、病虫果、机械损伤果、过熟或成熟不充分果以及等外果，然后按果实大小分级，分级完成后，即可进行销售或贮运。

贮藏：采收后的果实在常温下一般可贮放15天左右。但果实的成熟度对贮藏时间、贮藏后品质有较大影响，如果采收过早，果实成熟度低，经贮藏后，可溶性固形物含量不高，品质差；如果采收过迟，果实成熟度高，在贮藏过程中糖分转化快，果实易软化变质，不能长时间贮藏。只有适时采收的果实，贮藏时间长，贮藏后品质佳、商品性好。因此，适时采收是体现果实贮藏能力的关键。

一、临时贮藏

临时贮藏适用于短期销售的果品，可根据果品的成熟度随采随贮放。果实采收后按分级要求先剔除畸形果、病虫果、机械损伤果、过熟或成熟不充分果以及等外果，经预冷后贮放于阴凉干燥处，一般可贮放15天左右。

二、保鲜冷藏

保鲜冷藏适用于长期销售的果品。通过保鲜冷藏，可延长果品的市场供应期，保证果品品质，提高产品附加值。进行保鲜冷藏应建有专用的果蔬保鲜冷藏库，可预先设立货物架，或在地面上放置高15厘米左右的木制栅条底架，利于空气流通。需要保鲜的果品采收成熟度宜在八成左右，经分级预冷后，将其进行包装或用临时性容器盛放，置入冷库，叠放时包装或容器要留一定的空隙，叠放高度控制在5 ～ 7层，贮藏货物之间应保留操作道，利于空气流通和人员检查操作。贮藏期间，库温宜保持在0 ～ 5℃，湿度维持在90%以上，每天通风换气1 ～ 2次，每隔7天左右对贮藏果品进行一次检查，及时清理软化变质或腐烂的果实。保鲜冷藏的贮藏期一般可达2 ～ 3个月。

运输：由于果品在常温下保存时间较短，特别是经保鲜冷藏出库后的果品更易变质腐烂，因此，果品的运输应根据运输过程需要的时间来确定不同的方法，一般短距离运输可采用常规方法，远距离运输宜采用冷链方式，但总的原则是快装快运，以保证质量。

参 考 文 献

陈杰忠, 2003. 果树栽培学各论: 南方本[M]. 3版. 北京: 中国农业出版社.

程云清, 2003. 李果实采后生理生化变化及其调控技术研究[D]. 武汉: 华中农业大学.

崔艳涛, 2006. 李果实发育中内源激素与果实色泽形成的关系[D]. 保定: 河北农业大学.

方水彩, 余培胜, 1996. 果园套种竹荪栽培技术[J]. 中国食用菌, 15 (5) : 27-28.

何风杰, 2007. 檇李不良结实性的原因及其对策研究[D]. 杭州: 浙江大学.

姜聪, 张青, 姚忠华, 等, 2014. 黑李溃疡病病原菌的分离与鉴定[J]. 浙江农业学报, 26 (4) : 971-975.

李登科, 2007. 日本桃、梅、李的栽培与品种发展概况[J]. 山西果树, 118 (4) : 60.

李怀玉, 李家福, 1987. 李[M]. 北京: 中国林业出版社.

李亚芸, 陈亚玲, 陈小飞, 2008. 果园常用农药种类及其使用方法(上)[J]. 西北园艺 (6): 30-31.

李亚芸, 陈亚玲, 陈小飞, 2008. 果园常用农药种类及其使用方法(下)[J]. 西北园艺 (8): 35.

刘硕, 刘有春, 刘宁, 等,2016. 李属 (*Prunus*) 果树品种资源果实糖和酸的组分及其构成差异[J]. 中国农业科学, 49 (16) : 3188-3198.

曲泽洲, 孙云蔚, 1990. 果树种类论[M]. 北京: 农业出版社.

孙猛, 刘威生, 刘宁, 等, 2009. [J]. 北方果树, 29 (6) : 1-3.

童正仙, 陆寿忠, 1997. 天目蜜李及其早结丰产栽培技术[J]. 中国南方果树, 26 (5) : 43.

王良龙, 顾斌, 2016. 果园行间套种药材技术研究[J]. 林业科技情报, 48 (2) : 12-15.

王华瑞, 马燕红, 王伟, 等, 2012. ‘黑宝石’ 李果实发育期间香气成分的组成及变化[J]. 食品科学, 33 (4) : 274-279.

王金政, 李林光, 邹显昌, 1997. 皇家宝石李引种研究报告[J]. 甘肃农业科技, 4: 28-29.

王婧, 2014. 李果实冷藏期风味物质含量及变化规律的研究[D]. 保定: 河北大学.

王良仟, 2004. 浙江效益农业百科全书: 李册[M]北京: 中国农业科学出版社.

王三根, 2012. 果树调控与果品保鲜实用技术[M]. 北京: 金盾出版社.

王文辉, 许步前, 2003. 果品采后处理及贮运保鲜[M]. 北京: 金盾出版社.

王玉柱, 杨丽, 阎爱玲, 等, 2002. 李品种选育研究进展[J]. 果树学报, 19 (5) : 340-345.

蔚慧, 杨华林, 赵芳, 等, 2012. 6种李子果实香气成分的分析研究[J]. 安徽农业科学, 40 (27) : 13601-13604.

吴宇芬, 赵依杰, 陈晟, 等, 2013. 幼龄李园套种甜瓜双膜覆盖早熟栽培技术[J]. 长江蔬菜 (14) : 44-45.

谢英, 肖蔚, 况金云, 2008. 果园套养土鸡的优点及注意事项[J]. 江西畜牧兽医杂志, 3: 27.

徐晓波, 2008. 李果实成熟过程中细胞壁多糖的降解和相关酶的研究[D]. 扬州: 扬州大学.

宣继萍, 王刚, 贾展慧, 等, 2015. 李属植物果实成熟软化研究进展[J]. 中国农学通报, 31 (31) : 104-118.

杨桂珍, 鄂肖勋, 甘敏健, 2014. 果园间套种食用菌栽培技术[J]. 现代农业科技, 15: 120-121.

杨宏伟, 刘金钟, 张胜利, 2011. 果园套种中药材技术[J]. 现代农业科技(12): 1-3.

杨洪强, 2009. 观光与都市农业中生态果园建设的思路和原则[J]. 中国农学通报, 25: 65-67.

俞德浚, 1979. 中国果树分类学[M]. 北京: 农业出版社.

张安宁, 邹显昌, 樊圣华, 等, 1999. 皇家宝石李[J]. 农业知识(23): 8.

张加延, 2015. 中国果树科学与实践: 李[M]. 西安: 陕西科学技术出版社.

张青, 吴维群, 王斌华, 1999. 不同授粉品种及配植比例对天目蜜李的影响[J]. 浙江农业科学, 5: 229-230.

张上隆, 陈昆松, 2007. 果实品质形成与调控的分子生理[M]. 北京: 中国农业出版社.

张伍才, 李上彬, 2012. 果园套种大球盖菇栽培技术[J]. 食用菌, 6: 47-48.

Butac M, Bozhkova V, Zhivondov A, et al.,2013. Overview of plum breeding in Europe[J]. Acta horticulturae, 981 (981) : 91-98.

Okie W R, Hancock J F, 2008. Plums[J]. Temperate Fruit Crop Breeding, 11: 337-358.

附录 1

南方李露地栽培管理工作历[1]

时期	管理措施
休眠期 （1—2月）	1.冬季修剪清园。清除园地杂草，剪除病虫枝、枯死枝、交叉枝、过密枝、短截过长枝，树干涂白保护，对剪口在1厘米^{2}以上的应及时涂伤口保护剂。 2.病虫害防治。对桑白蚧等蚧类发生严重的果园，用5波美度石硫合剂涂刷树干、树枝，发芽前喷5波美度石硫合剂防穿孔病等。 3.准备生产工具、化肥、农药等生产资料
萌芽期至开花期 （3—4月）	1.春季建园，苗木定植，幼树移栽和定干。 2.发芽前施肥、灌水。发芽前追1次肥，以速效氮肥为主，施肥量占全年施肥量的20% ~ 30%，每株施硫酸铵0.5 ~ 1千克，追肥后立即浇水。 3.果园防霜冻，霜前灌水、熏烟，霜冻时果园喷灌。 4.花后追肥、灌水。在花后1周施入，以速效氮肥为主，配合磷钾肥，一般大树施尿素0.5 ~ 1.5千克或硫酸铵1.5 ~ 2.5千克。追肥后及时灌水。 5.生长期第一次修剪。发芽后抹除新栽幼树整形带以下的萌芽，按整形要求，留选适当的顶稍作为主侧枝的延长枝，抹除方向不正的芽梢，调整骨干枝、延长枝延伸方位和角度，疏除丛生枝、无用枝、病虫枝。缩剪未坐果的长果枝、中果枝。 6.花期保花保果。人工辅助授粉或花期喷硼、萘乙酸、磷酸二氢钾等以提高坐果率。 7.病虫害防治。发芽前喷3 ~ 5波美度石硫合剂防治红蜘蛛、蚜虫、穿孔病、褐腐病、流胶病、疮痂病、袋果病；刮除腐烂病疤防治腐烂病；花期前后喷布5%啶虫脒乳剂2 500 ~ 3 000倍液防治金龟子、卷叶虫；细致检查红颈天牛孔，用小刀挖除幼虫，用敌敌畏药棉球或磷化铝片剂堵塞虫孔，堵后封上湿泥。 8.种间作物

①附录1所述内容由编者根据多年经验自行整理而成。——编者注

（续）

时期	管理措施
果实发育期至新梢生长期（5—6月）	1.套袋。主要用于中晚熟品种，防止病虫鸟害，提高品质。在定果后生理落果基本结束后进行。 2.生长期修剪。抹芽、摘心、剪梢、拉枝、环剥、扭梢等。抑强扶弱，及时调整枝梢生长，使树冠内通风透光，促进花芽分化。 3.硬核期追肥、灌水。以氮、钾为主，或氮磷钾配合施用。大株施尿素0.75～1千克，或磷酸氢二铵、三元素复合肥1.5～2千克，追肥后及时浇水。 4.根外施肥。果实膨大期和新梢速长期喷施叶面肥，一年喷4～6次，间期5～15天。选择尿素0.3%，磷酸二氢钾0.3%，氯化钾、硫酸钾0.2%，氯化钙0.5%～0.8%，或的确有效的叶面肥 5.病虫害防治。剪除李小食心虫为害的新梢和卷叶蛾为害的叶子，用20%杀灭菊酯乳油2 000～4 000倍液防治桑白蚧，喷施50%杀螟硫磷乳油1 000倍液，或20%氰戊菊酯乳油2 000倍液，或50%辛硫磷乳油1 000～2 000倍液防治李实蜂、蚜虫、李小食心虫、桃蛀螟、天幕毛虫、卷叶蛾等害虫；用75%百菌清可湿性粉剂800倍液防治流胶病、褐腐病；注意检查腐烂病，并及时刮治；扒开根部土壤查看有无细菌性根癌病，如有，带至园外销毁
果实着色期至成熟期（7—8月）	1.早、中熟品种采收、分级、包装、贮藏和销售。 2.继续生长期修剪。目的是改善树冠内部的光照条件，控制生长，促进枝条继续充实、花芽分化和果实着色、成熟。 3.采后追肥。以追施氮肥为主，配合磷、钾肥，每株追施1千克尿素或2千克碳酸氢铵或2千克人粪尿，并及时灌水。 4.病虫害防治。树上喷50%杀螟硫磷乳油1 500倍液或2.5%溴氰菊酯乳油3 000～4 000倍液防治李小食心虫、卷叶蛾和红蜘蛛；褐腐病严重的李园，喷50%多菌灵可湿性粉剂1 000～1 500倍液或70%甲基硫菌灵可湿性粉剂1 000倍液
营养积累（9—10月）	1.喷叶面肥，增加树体营养储备，促进翌年新梢生长和花芽分化，提高坐果率及果实产量。 2.枝条管理。剪嫩梢，防止枝条生长不充实，提高树体抗寒能力，以增加营养积累。

（续）

时期	管理措施
营养积累 （9—10月）	3.秋施基肥、灌水。沿树冠滴水线下继续挖长1.0 ～ 1.5米、宽0.3米、深0.4 ～ 0.6米施肥坑两个，将落叶、杂草、绿肥放入坑底，加有机肥15 ～ 50千克，加1千克磷肥，拌土，施肥完整后整好果盘。一般幼树每亩施1 500 ～ 2 500千克土粪、10 ～ 15千克过磷酸钙，大树施这两种肥料分别为5 000千克以上和50 ～ 60千克。施肥后立即灌透水，使肥料、土壤沉实、与根系接触。 4.深翻和培土。结合施基肥深翻改良土壤，对于有土壤流失的园地，应及时培土，高度一般不超过根颈部。 5.病虫害防治。及时摘除被害僵果并清除落地虫果，带至园外销毁。 防治金龟子幼虫（蛴螬）等地下害虫，可用3%的毒死蜱和三唑磷混配剂，施于树盘或用75%辛硫磷乳油100 ～ 200倍液灌根
落叶休眠期 （11—12月）	1.冬季清园。 2.冬季修剪。 3.检修农机工具，进行年终核算，做下一年度管理及财务计划

附录 2

有机李标准化栽培技术模式图①

一、主栽品种

盖县大李、黑李、天目蜜李等（附图2-1、附图2-2、附图2-3）。

附图2-1 盖县大李

附图2-2 黑李

附图2-3 天目蜜李

二、授粉品种

种植时应配置授粉树，主栽品种与授粉品种的比例为4 ∶ 1左右。

三、苗木定植

定植时间为每年11月下旬至翌年1月底前。株行距为2米 ×4米至4米 ×4米。

四、肥水管理

基肥在每年9月至12月底前施入，以早施为宜。幼龄树施基肥每株施农家肥料20～30千克，钙镁磷肥0.5千克。成龄树施基肥每株施农家

①附录2所述内容由编者根据多年经验自行整理而成。——编者注

肥料30～50千克，钙镁磷肥1千克。结果树膨果肥以磷钾肥为主，在5月上中旬施入，每株施多元复合肥2千克左右。采果肥以氮肥为主，在采果后施入，每株施多元复合肥1千克左右。

五、整形修剪

树形采用三主枝开心形。第一年至第三年，通过逐年的整形修剪，完成开心形整形。第四年以后，删除过密枝、病虫枝、竞争枝、重叠枝、交叉枝，及时回缩结果后的衰弱老枝，调节骨干枝间的主从关系。定植第一年至成形整形修剪示意图见附图2-4。

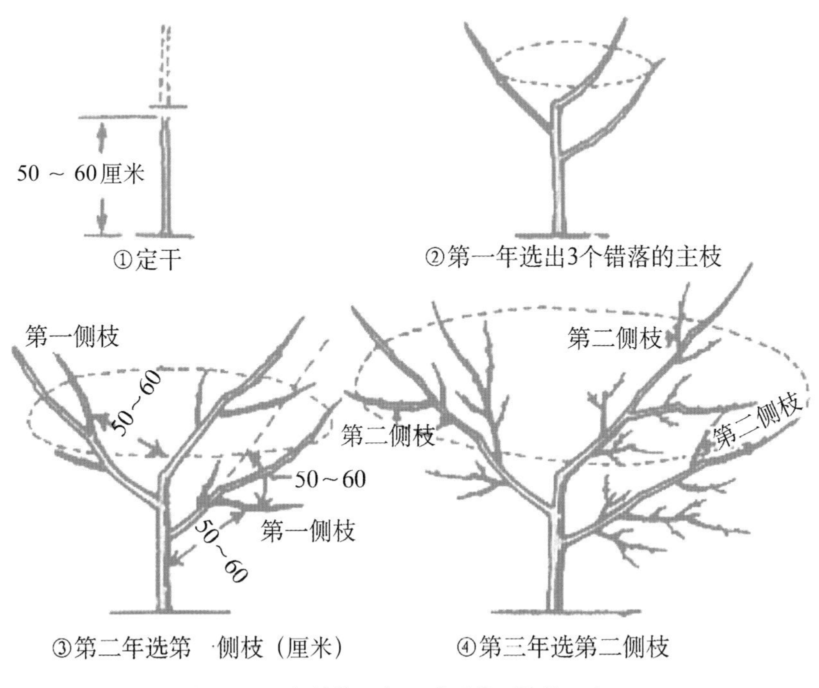

附图2-4　定植第一年至成形整形修剪示意

六、土壤管理

幼龄果园每年秋季自定植穴逐年向外开深50厘米、宽60厘米的施肥沟，并施入基肥。成年果园每隔2～3年对全园进行1次深翻，深约30厘米。每年用机械或人工除草2次，并将除下的草翻入土中或覆于树盘。

七、果实管理

保花保果：在开花期放养蜜蜂。喷0.2%硼砂加0.2%磷酸二氢钾或其他叶面肥。

疏果：结合修剪疏除过多花枝。盛花期15天后开始分批疏果，在生理落果结束后定果。在结果枝上约10厘米留1果。

果实套袋：对中晚熟品种进行果实套袋，套袋前全面喷1次杀虫杀菌药剂，时间在5—6月（附图2-5）。

附图2-5　果实套袋

八、病虫害防治

充分利用农业、生物、物理防治方法，科学应用化学防治方法综合防治病虫害。

严禁使用高毒、高残留农药，应选用生物农药或高效低毒、低残留农药。应避免在李树开花期使用菊酯类农药和采收期使用化学农药，最后一次施药距采收应符合农药的安全间隔期。

冬季清园封园。清除病虫枝、干，清理落叶、杂草等，并带出园外烧毁。全园喷布3～5波美度石硫合剂。

主要虫害有蚜虫、桃蛀螟、吸果夜蛾、金龟子、天牛等，喷施10%吡虫啉可湿性粉剂2 500倍液、25%噻嗪酮可湿性粉剂1 000～1 500倍液、10%氯氰菊酯乳油1 000倍液等进行防治。

主要病害有李细菌性穿孔病、李流胶病、李红点病、李褐腐病等，喷施20%噻菌铜悬浮剂500倍液、50%多菌灵可湿性粉剂1 000倍液、70%代森锰锌可湿性粉剂800倍液等进行防治。

图书在版编目（CIP）数据

李高效栽培与病虫害防治彩色图谱/邬奇峰等主编．—北京：中国农业出版社，2023.11
（扫码看视频．轻松学技术丛书）
ISBN 978-7-109-30066-8

Ⅰ．①李… Ⅱ．①邬… Ⅲ．①李－果树园艺－图谱②李－病虫害防治－图谱 Ⅳ．①S662.3-64 ②S436.634-64

中国版本图书馆CIP数据核字(2022)第178530号

中国农业出版社出版
地址：北京市朝阳区麦子店街18号楼
邮编：100125
责任编辑：国　圆
版式设计：郭晨茜　　责任校对：吴丽婷
印刷：北京中科印刷有限公司
版次：2023年11月第1版
印次：2023年11月北京第1次印刷
发行：新华书店北京发行所
开本：880mm×1230mm　1/32
印张：6
字数：170千字
定价：48.00元
